道德形而上学的奠基

（注释本）

[德]康德 著

李秋零 译注

中国人民大学出版社

· 北京 ·

目录

科学院版编者导言

保罗·门策尔（Paul Menzer）

关于促使康德撰写《道德形而上学的奠基》的理由，他自己在这部作品的前言中是以如下的话来表达的：

> 我决意日后提供一部《道德形而上学》，如今我让这本《奠基》先发表。尽管除了一种**纯粹实践理性**的批判之外，道德形而上学真正说来没有别的基础，就像对于形而上学来说，已经提供的纯粹思辨理性的批判是基础一样。然而一方面，前一种批判并不像后一种批判那样极为重要，因为在道德领域里，人类理性甚至在最普通的知性那里也能够轻而易举地达到重大的正确性和详尽性，与此相反，它在理论的、但却纯粹的应用中却完全是辩证的；另一方面，为了一种纯粹实践理性的批判，我要求：如果它要被完成，就必须能够同时显示它与思辨理性在一个共同的原则之中的统一，因为毕竟归根结底只能有同一种理性，它惟有在应用中才必须被区别开来。但是，如果不引入完全不同种类的考察并把读者弄糊涂，我在这里就还不能达到这样一种完备性。为此缘故，我不使用**纯粹实践理性批判**的称谓，而是用**道德形而上学的奠基**这个称谓。
>
> 但第三点，既然一部《道德形而上学》虽然有吓

人的标题，但仍能有很大程度的通俗性，且能够适应普通的知性，所以我认为，把对基础的这种预先探讨与道德形而上学分开，以便将来可以不把这里无法避免的细微之处附加给较易理解的学说，是有好处的。

指出康德思维的导致这几句话的内在发展，不是如下阐述的任务，对于它们来说，只是应当补充这部著作的外在历史。当然，在这一场合，可以列举一些在上面几句话中未触及的事实，它们对康德的决定不无影响。

对于这部作品来说明摆着的事实材料证实，它原初并不在康德的计划之内。因此，他自己或者他人关于伦理学作品的工作的通报不能直接地与《道德形而上学的奠基》联系起来，但毕竟属于其广义上的前史，应在这里有一个位置。这个位置还可以这样来限制，即 B. 埃德曼在本卷《纯粹理性批判》的导言中指出了大量应予考虑的地方[①]。因此，我一开始就满足于一种简单枚举。

1764 年 2 月 1 日，哈曼写信告诉 J. G. 林德奈：“他（康德）脑子里有一大堆工作：**道德性**。”[②]

在其于 1765 年 12 月 31 日致兰贝特的信中，康德在一些较小的作品中间提到《世俗实践智慧的形而上学初始

① 参见李秋零译注：《纯粹理性批判》（注释本），科学院版编者导言，北京，中国人民大学出版社，2011。——译者注

② Fr. 洛特编：《哈曼著作集》，第Ⅲ卷，213 页。

根据》。①

在 1767 年 2 月 16 日，哈曼向赫尔德报告："康德硕士先生在写一部《道德形而上学》，与迄今的道德形而上学对照，它将更多地研究人是什么，而非人应当是什么……"②

这个消息通过康德于 1767 年③ 5 月 9 日致赫尔德的信得到证实。在说明他的"注意力主要针对认识人的能力和偏好的真正规定和局限"之后，他接着说："我相信，在涉及道德的事情上，我终于取得了相当的成功。目前，我正在研究道德形而上学。在这里，我自诩能够提出显明的、蕴意丰富的原理以及方法。据此，那些尽管非常流行、但在大多数情况下却毫无成效的努力，如果它们应当提供什么用处的话，就必须以这种认识方式建立起来。我希望，如果我那总是变化不定的健康状况不阻碍我，就在今年完成这项工作……"④

不过，这个希望并未实现。在 1770 年 9 月 2 日，康德写信告诉兰贝特："我打算到今年冬天再把我关于纯粹的道

①《康德全集》，第Ⅹ卷，[53] 56 页 [科学院版编者在这里使用的康德书信版本是《康德全集》第Ⅹ～Ⅻ卷的第 1 版，而现在通行的版本则是第 2 版。为方便读者，译者将其注明的第 1 版页码置入"[]"之中，而在后面注出第 2 版的页码，下同。此处参见李秋零编译：《康德书信百封》，18 页，上海，上海人民出版社，2006。——译者注]；参见《康德全集》，第Ⅵ卷，570 页 [参见《纯粹理性批判》(注释本)，科学院版编者导言，2 页。——译者注]。按照书商的行事方式，康特尔在 1765 年的米迦勒节博览会的目录中，在"将来出版的著作"中预告：康德的《形而上学的真正方法》。同上信。

②《哈曼著作集》，第Ⅲ卷，370 页。

③ 根据《康德全集》"往来书信"部分编者的考证，这封信实际写于 1768 年（《康德全集》，第ⅩⅢ卷，35～36 页）。——译者注

④《康德全集》，第Ⅹ卷，[71] 74 页。

德世俗智慧的研究列入日程，并且加以完成。在这里，找不到任何经验性的原则，仿佛就是道德形而上学。”① 然而，就连这一次也没有出版所预告的作品。然后，多次提到的《道德形而上学》作为计划中的作品《感性和理性的界限》的一个部分出现在 1771 年 6 月 7 日和 1772 年 2 月 21 日致马库斯·赫茨的信中。② 在后一封信中我们得知，康德想在完成“包括形而上学的本源、方法及其界限的第一部分”（《纯粹理性批判》）之后，“再写道德性的纯粹原则”③。这部作品对于整个体系的地位改变了，而其内容的规定则依然未变。

我们在康德于 1773 年年底写给赫茨的信中发现了同样的真实状况：“如果我的先验哲学得以完成，我将非常高兴。它真正说来就是对纯粹理性的一个批判。在这之后，我将转向形而上学。形而上学只有两个部分，即自然的形而上学和道德的形而上学。其中，我将首先发表道德的形而上学。现在，我已经在为它的即将面市而高兴不已了。”④

从现在开始，直到 1781 年，我们没有任何消息。1776 年 11 月 24 日致马库斯·赫茨的信以我们所拥有的规模提供

①《康德全集》，第Ⅹ卷，[93] 97 页 [参见《康德书信百封》，27 页。——译者注]；参见上文 571 页 [参见《纯粹理性批判》(注释本)，科学院版编者导言，3 页。——译者注]。

②《康德全集》，第Ⅹ卷，[117] 123 页和 [124] 129 页以下 [参见《康德书信百封》，31 页和 33 页以下。——译者注]；参见上文 571～572 页 [参见《纯粹理性批判》(注释本)，科学院版编者导言，3～4 页。译者注]。

③《康德全集》，第Ⅹ卷，[126～127] 132 页 [参见《康德书信百封》，35 页。——译者注]。

④《康德全集》，第Ⅹ卷，[138] 145 页 [参见《康德书信百封》，41 页。——译者注]。

了《纯粹理性批判》的计划，但没有提及伦理学问题。[①]只是在代表作出版之后，伦理学问题才又被考虑。在“纯粹理性的建筑术”中，我们发现在自然形而上学之外提到道德形而上学，它以纯粹理性的实践应用为对象。哈曼在他于5月7日给哈特克诺赫写信时联系到了这些规定：“谨请您留意，**道德形而上学和自然形而上学**很快就跟上，特别是后者，其中将出现他的**理论**，即他其余的作品如何被织入他的批判，部分地更完善，部分地更新颖。”[②]哈特克诺赫在其于1781年11月19日致康德的信中遵从了这一建议。其中说道：“我希望阁下您还把道德和自然学说的形而上学交给我出版，因为这为您的计划的完成所需，并构成一个整体。”[③]

根据其原初的计划，康德大概首先开始写**道德形而上学**，或者正确地说，是一本为它做准备的书。关于已开始的工作，同时关于他在《导论》之外从事这项工作的第一个消息，我们是从哈曼于1782年1月11日致哈特克诺赫的信中获得的：“康德在写道德形而上学，——我不知道是给谁出版。他也想在临近复活节时完成他的短篇［《导论》］。”[④]在这些情况下，也许是由于因《格廷根书评》而增

①《康德全集》，第Ⅹ卷，［185］199页以下［参见《康德书信百封》，51～52页。——译者注］；对于后来的时间，参见B. 埃德曼：上文576页［参见《纯粹理性批判》（注释本），科学院版编者导言，9页以下。——译者注］。

② 基尔德迈斯特：《J. G. 哈曼的生平和著作》，第Ⅱ卷，368页。

③《康德全集》，第Ⅹ卷，［261］279页。

④《哈曼著作集》，第Ⅵ卷，236页。参见B. 埃德曼的《导论》导言。

多和加快完成的《导论》的写作，上述作品只是很慢地进行。

只是在1783年8月16日——值康德按照哈曼的通报完成《导论》的时间[①]——我们才从致门德尔松的信中得知如下情况："今年冬天，我将完成我的道德学的第一部分，即使不能全部写完，至少也要写出绝大部分。这部作品将会更加通俗，但却远远不能像规定人类整个理性的界限和全部内容的展望那样，给予我扩展情趣的魅力，这主要是因为，道德若想在完成自身时，跳越到宗教方面去，那么，没有前一种准备工作以及准确无误的规定，它就会卷入异议和怀疑，或者陷入幻想和狂热之中。"[②]

这段信大概不允许我们裁定，我们能够把"我的道德学的第一部分"是理解为一本完整阐述体系的书的一个部分，还是理解为一部自身独立的、但却构成体系的一个部分的著作。如果说的是后者，那么可能进一步的问题就是，这部著作是否可以被理解为一部《纯粹实践理性批判》或者一部《道德形而上学的奠基》。所有这些问题都必须考虑到康德哲学的内在历史来回答，在这里必须不予讨论。

因此，我们继续来确定眼前的材料的日期，并根据哈曼于1783年10月26日给赫尔德的无关紧要的通报而发现："他［康德］看起来在忙于出版他的其余著作。"[③]在哈曼于1784年2

① 参见上文604～605页，第18条［参见《未来形而上学导论》科学院版编者导言。——译者注］。
②《康德全集》，第Ⅹ卷，［325］346～347页［参见《康德书信百封》，95页。——译者注］。
③《哈曼著作集》，第Ⅵ卷，354页。日期据瓦尔达。

月 8 日致赫尔德的信中令人感到意外的记录是："康德应当在写关于伽尔韦的《西塞罗》的一个反批判，不过他还不知道书名自身。"①

哈曼在 1784 年 2 月 18 日致舍弗纳的一封信中让这部著作的书名同样不确定："据说，我们敬爱的康德教授……在写一本反批判——不过书名尚不清楚——来反驳伽尔韦的《西塞罗》，作为对其在《德意志图书总汇》上的书评的回答。"② 更为确定的是在哈曼于 1784 年 3 月 14 日致哈特克诺赫的信中："康德在写关于伽尔韦的《西塞罗》的反批判，您大概也将得到此书以供出版。"一天之后，他写信告诉舍弗纳："反批判不是直接针对伽尔韦的书评的，而是真正说来针对他的《西塞罗》的，并且藉此成为前者的一种补偿。"③ 然后，哈曼在 1784 年 4 月 30 日致约翰·格奥尔格·米勒的信中，关于一个改变了的计划报告说："康德在写一个道德的前奏，他起初想把它命名为反批判，而且应当与伽尔韦的《西塞罗》有关系。"④

哈曼于 1784 年 5 月 2 日致赫尔德的一封信说了同样的

① 《哈曼著作集》，第Ⅵ卷，373～374 页。紧随这一句（据瓦尔达）的是如下的话："我 8 天前拜访康德。他在研究伽尔韦"。参见《赫尔德致约翰·格奥尔格·哈曼书信集》，奥托·霍夫曼编，1889 年，266 页。伽尔韦的《西塞罗》以《西塞罗论义务诸卷的哲学评论和探讨》为题于 1783 年在米迦勒节博览会出版。

② 我要为这段信的完全公布和日期感谢 A. 瓦尔达，他通过汇编哈曼书信中所有对于上述目的来说应予考虑的、他所知道的记录来支持我，令人极为感激。参见基尔德迈斯特：《J. G. 哈曼的生平和著作》，第Ⅲ卷，7 页。

③ 两段信均引自基尔德迈斯特：《J. G. 哈曼的生平和著作》，第Ⅲ卷，7 页。

④ 同上书，12 页。

话："他［康德］紧张地致力于完成他的体系。关于伽尔韦的《西塞罗》的反批判转变成了一个道德的前奏。"① 按照哈曼 1784 年圣三一主日后第九主日［8 月 8 日］致赫尔德的通报，康德在同样勤奋地工作："康德勤奋地忙于他的道德形而上学的一个前奏。"②

然后，我们从哈曼 1784 年 8 月 10 日致哈特克诺赫的信中得知："康德的抄写员雅赫曼正在勤奋地抄写道德形而上学的前奏；您也许知道，这部著作将是多么有力。"③ 我们大概可以这样来理解雅赫曼的"工作"，即他为康德制作一个抄件，此后康德再通读一遍，也许在付印之前也做一些补充。

在一封被确定在 7 月 10 日和 8 月 23 日之间的信中，康德似乎针对许茨在其 1784 年 7 月 10 日致康德的信中的一处评论，即"我热望着您的自然形而上学，您毕竟也肯定让一部道德形而上学随在它后面"，公布了《奠基》即将出版，因为作为回答，许茨在 1784 年 8 月 23 日写道："我极为吃惊，您要在米迦勒节提出道德形而上学的计划。"④ 就书名而言，康德尚不清晰吗？这个问题无法回答。

接下来是哈曼的进一步公布：1784 年 8 月 19 日致舍弗纳："我们的康德教授的前奏或者道德形而上学将在最近送往哈勒付印，并在米迦勒节出版"；1784 年 9 月 15 日致赫尔德："我现在等待着道德形而上学导论，以便也许再开始

①《赫尔德致约翰·格奥尔格·哈曼书信集》，266 页。
② 迄今未刊，由瓦尔达告知编者。
③《哈曼著作集》，第Ⅶ卷，156 页。
④《康德全集》，第Ⅹ卷，［371］393 和［373］396 页。

进行”①。

然后，我们从哈曼 1784 年 9 月 19—20 日致舍弗纳的信中第一次获知现在的书名和一个新的、重要的时间规定：“康德寄出了他的《道德形而上学的奠基》的手稿。”②

这部作品在 1784 年的米迦勒节博览会出版，本来是可能的，并且也为哈曼所期待。③但是，我们从康德 1784 年 12 月 31 日致比斯特尔的信中得知：“我的道德论文在米迦勒节之前约 20 天就在哈勒格鲁内特那里了；但是他写信告诉我，他不能把它完工赶上博览会，而这样，它就必须待到复活节了。”④

这样，这部作品就只是 1785 年才出版。是年 3 月 9 日，哈曼写信告诉林德奈：“他［康德］的道德学也将在这次博览会出版”⑤，且在 3 月 28 日写信告诉赫尔德：“他［康德］的道德性的原则也在这次博览会出版。反对伽尔韦的附录似乎没有成为什么东西；毋宁说，他应当是压缩了这部著作”⑥。

这本书如今在其作者从出版商那里得到它的同一天已经被告知公众。1785 年 2 月 18 日，许茨写信告诉康德：“我热切地盼望着您的新作品。”⑦而在 1785 年 4 月 7 日，

① 两段信均迄今未刊，由瓦尔达告知编者。
② 基尔德迈斯特：《J. G. 哈曼的生平和著作》，第Ⅲ卷，35 页。这段信据瓦尔达为 9 月 19 日。
③ 哈曼在 1784 年 10 月 17 日写信告诉舍弗纳：“博览会目录到了”（《哈曼著作集》，第Ⅶ卷，176 页）。为此我从瓦尔达那里得到了未刊的一段信：“我没有找到康德的道德学”。
④ 参见《康德研究》，第Ⅷ卷，306 页；《康德全集》，第Ⅹ卷，［374］398 页。
⑤ 基尔德迈斯特：《J. G. 哈曼的生平和著作》，第Ⅲ卷，108 页。
⑥ 迄今未刊，瓦尔达的告知。
⑦《康德全集》，第Ⅹ卷，［375］399 页。

《文学总汇报》刊登了这部作品的“一个预告而不是评判”：“我们这次想提供的只是其预告，而不是评判，就一部这类著作而言，评判是不能这么快给出的。”然后，我们在结尾得知这种匆忙的理由：“我们乐于承认，我们这样匆忙有一种嫉妒，不想有人在预告这本书的存在方面赶在我们前面，不是好像其中有一种功绩，而是因为一旦人们想预告新闻，自然而然地要首先预告大新闻。”

我们从哈曼于1785年4月14日致赫尔德的信中得知，康德于4月7日拿到了他的作品的第一批样书：“哈特克诺赫在上星期五［4月7日］来了。……与出版商同时到达的，是从哈勒给作者的《道德形而上学的奠基》的4本样书。”①

公布了的材料提供了这部作品的外在历史的如下画面。起初，康德有写一部《道德形而上学》的计划，但类似于B. 埃德曼在《纯粹理性批判》的导言中所描述的那种发展，他放弃了这个计划。

他在1784年年初决定写一部为体系做准备的作品，这部作品最先在哈曼的书信中以一部反批判的名称，然后以一部道德前奏的名称出现，其书名尽管在表述上的多次变迁而原则上坚持不变。从我们这部作品的前言中摘录的那段话中允许作出假定，康德是在放弃一部纯粹实践理性批判之后决定写这样一部作品的。另一种可能性是，康德直接从写一部《道德形而上学》的计划过渡到一部《道德形而上学的奠基》的计划，并在撰写这样一部作品的时候，他得

①《哈曼著作集》，第Ⅵ卷，242页，也请参见243页。关于这段话的更准确的复述，我要感谢瓦尔达。

出了一部纯粹实践理性批判的必要性，但他未能令自己完全满意地完成它。在此，这些问题必须存疑。

同样不能确定无疑地规定的是，**最初**是要探讨的问题所呈现的困难，还是预期的对伽尔韦的反批判，导致了对或者一部道德形而上学或者一部纯粹实践理性批判的计划的放弃。

能够澄清这一点的信息付之阙如。人们可以根据最终结果而把第一点视为最可能的，而只可以赋予反批判的计划以一个同起作用的原因的意义。至于康德当时计划过作为独立著作的反批判，并不能从哈曼的报告中确定无疑地得到证明，也是很不可能的，并且被哈曼在 1785 年 3 月 28 日的报告证明为不可能。当它仅仅谈到一篇“附录”时，它大概包含着正确的东西。因此，几乎是不可以说反批判“转变”为“前奏”的，但这种可能性是显而易见的，即康德的反批判意图最终导致或者至少加强了出自其他动机也许已经准备好了的先写作一部《奠基》的最终决定。这样一种批判的争辩同样适宜于确立自己的立场。至于个人的因素在多大程度上最终就一部反批判的计划而言同起作用，无法做出裁定，但人们大概不可以过高地评价它们。

眼下的材料并不提供促使康德且不以任何形式对伽尔韦做出批判评论的理由，至于它们并不适合完美结束《奠基》的思想进程，因此大可以继续进行，则可以是毋庸置疑的。

印次：

1.《道德形而上学的奠基》，伊曼努尔·康德著，里加，约翰·弗里德里希·哈特克诺赫出版，1785。

2. 同上，第 2 版，1786。

3. 同上，第 3 版，1792。

4. 同上，第 4 版，1797。

此外，还出版了 4 个翻印本：

1. 同上，最新版，法兰克福与莱比锡，1791。

2. 同上，第 4 版，法兰克福与莱比锡，1794。

3. 同上，最新增添索引版，格莱茨，1796。

4. 同上，法兰克福与莱比锡，1801。

〔387〕

前言

古代希腊哲学分为三门科学：**物理学**、**伦理学**和**逻辑学**。这种划分完全符合事情的本性，而且除了添加它的原则，以便以这样的方式一方面保证它的完备性，另一方面能够正确地规定必要的进一步划分之外，对它就没有任何要改进的了。

一切理性知识要么是**质料的**，考察某一客体，要么是**形式的**，仅仅探讨知性和理性本身的形式，以及一般思维的普遍规则，不涉及客体的区别。形式的哲学就叫做**逻辑学**，而与一定的对象及其所服从的法则打交道的质料的哲学则又有两种。因为这些法则要么是**自然**的法则，要么是**自由**的法则。关于自然法则的科学叫做**物理学**，关于自由法则的科学则叫做**伦理学**；前者也称做自然学说，后者则也称做道德学说。

逻辑学不能有经验性的部分，也就是说，不能有思维的普遍必然法则依据得自经验的根据的一个部分。因为若不然，逻辑学就不是逻辑学了，亦即不是知性或者理性的适用于一切思维并必然得到证明的法规了。与此相反，无论是自然的世俗智慧，还是道德的世俗智慧，都能够有自己的经验性的部分，因为前者必须为作为一个经验对象的自然规定其法则，后者则必须就人的意志被自然所刺激而言为它规定其法则。虽然前一些法则是一切事物发生所遵循的法则，后一些法则则是一切应当发生所遵循的法则，
〔388〕

但也还是要考虑它在其下经常不发生的条件。

一切哲学，就其依据的是经验的根据而言，人们都可以把它们称为**经验性的**哲学，而把仅仅从先天原则出发阐明其学说的哲学称为**纯粹的**哲学。后者如果是纯然形式的，就叫做**逻辑学**；但如果它被限制在一定的知性对象上，就叫做**形而上学**。

以这样的方式，就产生出一种双重的形而上学，亦即一种**自然形而上学**和一种**道德形而上学**的理念。因此，物理学将有自己的经验性部分，但也有一个理性的部分。伦理学亦复如是，尽管在这里经验性的部分特别叫做**实用人类学**，而理性的部分则可以叫做**道德学**。

一切行业、手艺和技艺都因分工而受益，也就是说在分工中，并不是一个人做一切事情，而是每个人都限制在某种在其处理方式上与其他工作明显有别的工作上，以便能够极为完善地和更为轻松地完成它。在工作未经如此区分和分配的地方，在每个人都是万事通的地方，各行业还处在极为未开化的状态。但是，有人会问：纯粹哲学在其所有的部分中难道不需要专家吗？如果那些习惯于迎合读者的口味、把经验性的东西和理性的东西按照各种各样他们自己也不知道的比例混合起来加以兜售的人、那些自称为独立思想家却把其他专攻理性部分的人称为苦思冥想者的人受到警告，不要同时从事两项在其处理方式上极为不同的工作，这两项工作的每一项也许都需要一种特殊的才能，一身兼两职只会造成半吊子，这对学术事业的整体来说岂不是更好吗？这样问虽然本身是一个值得思考的客体，但我在这里却只是问：科学的本性岂不是要求任何时候都审慎地把经验性的部分与理性的部分分开，把一种自然形而上学置于真正的（经验性的）物理学之前，把一种道德形而上学置于实用人类学之前吗？这两种形而上学必须审慎地清除一切经验性的东西，以便知道纯粹理性在这两种
〔389〕场合能够有多少成就，以及它本身从什么源泉先天地汲取它的这种教导，而不论这后一项工作是由所有道德教师（其名称极多）去做，还是仅由一些对它有使命感的人去做。

既然我的意图在这里真正说来是指向道德的世俗智慧的，所以我把上述问题仅仅限制在：难道人们不认为极有必要有朝一日去建立完全清除了一切只能是经验性的、属于人类学的东西的一门纯粹的道德哲学吗？因为从义务和道德法则的普通理念就自动地显示出：必须有这样一门哲学。每一个人都必须承认，一条法则如果要在道德上生效，亦即作为一种责任的根据生效，它就必须具有绝对的必然性；“你不应当说谎”这条诫命并不仅仅对人有效，其他理性存在者就不必放在心上，其余一切真正的道德法则亦复如是；因此，责任的根据在这里必须不是在人的本性中或者在人被置于其中的世界里面的种种状态中去寻找，而是必须先天地仅仅在纯粹理性的概念中去寻找；而且其他任何建立在纯然经验的原则之上的规范，甚至一种在某个方面具有普遍性的规范，只要它在极小的部分上、也许仅仅在一种动因上依据经验性的根据，就虽然可以叫做一种实践的规则，却不可能叫做一种道德的法则。

因此，在一切实践知识中，道德法则连同其原则不仅在本质上有别于其余一切包含着任何经验性的东西的知识，

而且所有的道德哲学都完全依据其纯粹的部分，并且在运用于人的时候，它并不从关于人的知识（人类学）借取丝毫东西，而是把人当做理性的存在者，赋予他先天的法则。当然，这些法则还需要由经验磨砺的判断力，以便一方面分辨它们在什么场合可以应用，另一方面使它们具有进入人的意志的通道和实施的坚定性，因为本身为如此众多的偏好所侵袭的人，虽然能有一种实践的纯粹理性的理念，但却并非如此轻易地就能够使其在自己的生活方式中具体地发挥作用。

因此，一门道德形而上学是不可或缺地必要的，这并不仅仅是出自思辨的一种动因，为的是探究先天地存在于我们的理性中的实践原理的源泉，而是因为只要缺乏正确 〔390〕
地判断道德的那条导线和最高的规范，道德本身就依然会受到各种各样的败坏。因为要使某种东西在道德上成为善的，它仅仅**符合**道德法则还不够，而且它还必须**为了道德法则的缘故**而发生。否则，那种符合就只是很偶然的和糟糕的，因为非道德的根据虽然有时会产生符合法则的行动，但多数情况下却将产生违背法则的行动。但如今，除了在一门纯粹哲学中之外，不能在其他任何地方寻找具有纯粹性和本真性（在实践的领域里重视的恰恰是这一点）的道德法则，因而纯粹哲学（形而上学）必须先行，而且如果没有它，在任何地方就不会有任何道德哲学。把那些纯粹的原则混入经验性的原则之中的哲学，本身就不配被称为哲学（因为哲学与普通的理性知识的区别恰恰在于，它在特别的科学中阐明普通理性知识只是混杂地把握的东西），更不配被称为道德哲学，因为正是通过这种混杂，它甚至损害到道德本身的纯粹性，并且与其自己的目的背道而驰。

不过，千万不要以为，在著名的**沃尔夫**置于其道德哲学，亦即他名之为**普遍的实践的世俗智慧**之前的概论中，已经有了这里需要的东西，因而这里并不是进入一个全新的领域。正是因为它应当是一种普遍的实践的世俗智慧，它才并不考察任何特殊种类的意志，例如无须任何经验性的动因、完全从先天原则出发被规定的、人们可以称之为纯粹意志的一种意志，而是考察一般的意欲以及在这种普遍的意义上属于它的一切行动和条件；而且这样一来，它就有别于一门道德形而上学，正如一般的逻辑学有别于先验哲学一样，在逻辑学和先验哲学中，前者阐明**一般而言的**思维的活动和规则，后者则仅仅阐明**纯粹的**思维，亦即完全先天地认识对象所凭借的那种思维的特殊活动和规则。因为道德形而上学应当研究的是一种可能的**纯粹**意志的理念和原则，而不是一般而言的人类意欲的活动和条件，后者大多数汲取自心理学。在普遍的实践的世俗智慧中（尽
〔391〕管违背所有的权限）也谈论道德法则和义务，这并不构成对我的主张的反驳。因为那门科学的作者们即便在这一点上也依然忠于他们关于那门科学的理念；他们并不把本身完全先天地仅仅通过理性表现出来的、真正道德的动因与知性仅仅通过对经验的比较而提升为普遍概念的经验性动因区别开来，而是不顾这些动因的源泉的不同，仅仅根据它们或大或小的总量（因为它们都被视为同类的）来考察它们，并就这样来形成他们的**责任**概念。这概念当然一点也不是道德的，但毕竟具有如此的性状，即只能求诸一门根本不对一切可能的实践概念的**起源**作出判断、不管它们

是先天地还是仅仅后天地成立的哲学。

我决意日后提供一部《道德形而上学》，如今我让这本《奠基》先发表。尽管除了一种**纯粹实践理性**的批判之外，道德形而上学真正说来没有别的基础，就像对于形而上学来说，已经提供的纯粹思辨理性的批判是基础一样。然而一方面，前一种批判并不像后一种批判那样极为重要，因为在道德领域里，人类理性甚至在最普通的知性那里也能够轻而易举地达到重大的正确性和详尽性，与此相反，它在理论的、但却纯粹的应用中却完全是辩证的；另一方面，为了一种纯粹实践理性的批判，我要求：如果它要被完成，就必须能够同时显示它与思辨理性在一个共同的原则之中的统一，因为毕竟归根结底只能有同一种理性，它惟有在应用中才必须被区别开来。但是，如果不引入完全不同种类的考察并把读者弄糊涂，我在这里就还不能达到这样一种完备性。为此缘故，我不使用**纯粹实践理性批判**的称谓，而是用**道德形而上学的奠基**这个称谓。

但第三点，既然一部道德形而上学虽然有吓人的标题，但仍能有很大程度的通俗性，且能够适应普通的知性，所以我认为，把对基础的这种预先探讨与道德形而上学分开，以便将来可以不把这里无法避免的细微之处附加给较易理解的学说，是有好处的。〔392〕

但是，目前的《奠基》无非是找出并且确立**道德性的最高原则**，仅仅这就构成了一项就其目的而言完整的、应与其他一切道德研究分开的工作。尽管我关于这个重要的、迄今为止远远还没有令人满意地讨论过的主要问题的种种主张，会因把上述原则运用于整个体系而大为彰显，并通过该原则到处显示的充分性而得到重大的证实。然而，我不得不放弃这个在根本上自利甚于利众的好处，因为一条原则便于使用和表面上的充分性，并不为其正确性提供完全可靠的证明，反而会引起某种偏袒，不对它自身丝毫不考虑后果地、极为严格地进行研究和衡量。

我在本书中采用的方法是这样的：如我相信，只要人们愿意分析地采取从普通知识到规定其最高原则的途径，再综合地采取从对这一原则的检验及其源泉返回到它在其中得到应用的普通知识的途径，那么，这种方法就是最恰当的方法。因此，本书的章节划分如下：

第一章：由普通的道德理性知识到哲学的道德理性知识的过渡。

第二章：由通俗的道德哲学到道德形而上学的过渡。

第三章：由道德形而上学到纯粹实践理性批判的最后步骤。

第一章 〔393〕

由普通的道德理性知识
到哲学的道德理性知识的过渡

在世界之内，一般而言甚至在世界之外，除了一个**善的意志**之外，不可能设想任何东西能够被无限制地视为善的。知性、机智、判断力及其他能够被称为精神的**才能**的东西，或者在下决心时的勇气、果断、坚韧这些**气质**的属性，毫无疑问在许多方面都是善的和值得期望的。但是，如果应当应用这些自然禀赋、其特有性状因而叫做**性格**的意志不是善的，那么，它们也可能是极为恶的和有害的。**幸运的赐予**也是这样。归于**幸福**名下的权力、财富、荣誉、甚至健康和全部福祉以及对自己的状况的满意，如果不是有一个善的意志在此矫正它们对心灵的影响，并借此也矫正整个行动原则，使之普遍地合乎目的，它们就使人大胆，且往往因此也使人傲慢。更不用说一个有理性且无偏见的旁观者，甚至在看到一个丝毫没有纯粹的和善的意志来装点的存在者却总是称心如意时，决不会感到满意。这样，看起来善的意志就构成了配享幸福的不可或缺的条件本身。

一些属性甚至有助于这个善的意志本身，能够大大减轻它的工作，但尽管如此却不具有任何内在的无条件的价值，而是始终还以一个善的意志为前提条件。善的意志限 〔394〕
制着人们通常有理由对它们怀有的尊崇，不允许把它们视为绝对善的。在情绪和激情方面的节制、自制和冷静的思虑，不仅在许多方面是善的，而且看起来甚至构成了人格的内在价值的一个部分。然而，还远远不能无限制地宣称它们是善的（不管古人如何无条件地颂扬它们）。因为如果没有一个善的意志的原理，它们就可能成为极其恶的，而一个恶棍的冷静不仅使他危险得多，而且也直接使他在我们眼中比他不具有这种冷静时更为可憎。

善的意志并不因它造成或者达成的东西而善，并不因它适宜于达到任何一个预定的目的而善，而是仅仅因意欲而善，也就是说，它就自身而言是善的；而且独自来看，其评价必须无可比拟地远远高于通过它为了任何一种偏好，甚至人们愿意的话为了所有偏好的总和所能实现的一切。即使由于命运的一种特殊的不利，或者由于继母般的自然贫乏的配备，这种意志完全缺乏贯彻自己的意图的能力，如果它在尽了最大的努力之后依然一事无成，所剩下的只是善的意志（当然不仅仅是一个纯然的愿望，而是用尽我们力所能及的一切手段），它也像一颗宝石那样，作为在自身就具有其全部价值的东西，独自就闪耀光芒。有用还是无效果，既不能给这价值增添什么，也不能对它有所减损。有用性仿佛只是镶嵌，为的是能够在通常的交易中更好地运用这颗宝石，或者吸引还不够是行家的人们的注意，但不是为了向行家们推荐它，并规定它的价值。

尽管如此，在关于纯然意志的绝对价值、亦即在评估它的时候不考虑一些好处的价值的这一理念中，仍有某种令人感到奇怪的东西，以至于即使就连普通理性也赞同这个理念，却还是必然产生一种怀疑：也许暗中有纯然好高
〔395〕骛远的幻想在作为基础，而自然就其把理性作为统治者赋

予我们的意志这一意图而言，则可能被误解。因此，我们要从这个观点出发来检验这一理念。

在一个有机的、亦即合目的地为生命而安排的存在者的自然禀赋中，我们假定为原理的是：对于这个存在者里面的任何一个目的来说，除了最适合这一目的且与这一目的最相宜的器官之外，找不到别的任何器官。现在，假如在一个具有理性和意志的存在者身上，他的**保存**、他的**顺利**、一言以蔽之他的**幸福**，就是自然的真正目的的话，那么，选择受造物的理性来作为自己的意图的实现者，则是自然作出的一个极坏的安排。因为本能可以更为精确得多地规定受造物在这一意图中实施的一切活动，以及他的举止的整个规则，并且由此可以更为可靠得多地保住那个目的，胜于理性当时所能做的。而如果理性也已经被赋予这个受宠的受造物，那么，它也必须是仅供这个受造物来对自己的本性的幸运禀赋作出思考，为之惊赞，为之欣喜，并对仁慈的原因感恩戴德；而不是使它的欲求能力服从那种软弱而且不可靠的引导，或者在自然意图上马虎从事；一言以蔽之，自然会不让理性进入**实践的应用**，不让它妄自凭借自己微弱的见识为自己想出幸福和达到幸福的手段的方案；自然不仅自己承担目的的选择，而且也自己承担手段的选择，并且凭借睿智的预先安排把二者仅仅托付给本能。

事实上我也发现，一种开化了的理性越是意在生活与幸福的享受，人离真正的满意就越远。由此在许多人那里，而且在对理性的应用最跃跃欲试的人那里，如果他们足够坦率地承认的话，就产生出某种程度的**厌理症**，亦即对理性的憎恨，因为经过估算他们所得到的一切好处，且不说从日常奢侈的一切技艺的发明得到的好处，而是甚至说到从科学（对他们来说，科学看起来归根结底也是一种知性的奢侈）得到的好处，他们却发现自己事实上为自己招来的麻烦要甚于在幸福上的获益，最终在这方面羡慕更接近
〔396〕纯然的自然本能的引导、不允许其理性过多影响其所作所为的更平凡的人，而不是轻视他们。到了这一步，人们就必须承认，一些人极力抑制对理性在生活的幸福和满意方面应当为我们带来的好处的那种自吹自擂的颂扬，甚至把它贬低为无，他们的判断绝非悲观或者对世界主宰不知感恩戴德，而是这些判断暗中以关于他们的实存的另一个更有价值得多的意图的理念为基础，理性真正说来完全是被规定用于这个意图，而不是用于幸福，而人的私人意图大多数都必须把这个意图当做最高条件，处在它后面。

因为既然理性不够适宜于在意志的对象和我们的一切需要（理性有时甚至使需要增加）的满足方面可靠地引导意志，而一种与生俱来的自然本能却会更为确切得多地引导到这个目的，尽管如此理性仍然作为实践的能力，亦即作为一种应当影响**意志**的能力被分配给我们，所以，理性的真正使命必定是产生一个并非在其他意图中**作为手段**、而是**就自身而言就是善的意志**。如果自然在其他方面就分配其禀赋而言都是合目的地进行的，那么，理性对这项使命来说就是绝对必要的。因此，这个意志虽然不是惟一的和完全的善，但它却必须是最高的善，而且是其余一切善，甚至对幸福的一切要求的条件。在这种情况下，如果人们发觉，对第一种无条件的意图所需要的理性的陶冶，至少

在此生以各种各样的方式限制着始终有条件的第二种意图亦即幸福的达成，甚至能够把它贬低为无，以免自然在这方面行事不合目的，那么，这完全可以与自然的智慧相一致，因为知道自己的最高使命在于确立一个善的意志的理性，在达成这一意图时只能有一种独特方式的满足，即因实现一个又仅由理性规定的目的而来的满足，尽管这与偏好的目的所遭受的一些损失是结合在一起的。

但是，一个就自身而言就应受尊崇的、无须其他意图就是善的意志的概念，如同它已经存在于自然的健康知性之中，不需要被教导，只需要被启蒙，在评价我们的行为的全部价值时它永远居于首位，并且构成其他一切价值的条件一样，为了阐明它，我们就要提出**义务**的概念。这个概念包含着一个善的意志的概念，尽管有某些主观的限制和障碍。但是，这些限制和障碍绝不会遮掩这个概念而使它不可认识，反而彰显它，使它表现得更为鲜明。 〔397〕

一些行为尽管在这种或者那种意图中可能是有用的，但已被认识到是反义务的，我在这里统统予以忽略；既然它们甚至是违背义务的，所以，它们根本不会有**是否出自义务**的问题。还有一些行为实际上是符合义务的，但人们对它们直接地来说**并无任何偏好**，而是因为被另一种偏好所驱使来实施它们的，我把它们也搁置一旁。因为在这里可以轻而易举地分辨，合乎义务的行为之所以发生，是**出自义务**，还是出自自私的意图？在行为是合乎义务的，而且主体除此之外还对它有**直接的**偏好时，要看出这种区别就困难得多了。例如，卖主不向没有经验的买主要价过高，而且在生意兴隆时聪明的商人也不要价过高，而是对每一个人都保持一个固定的共同价格，让一个小孩和其他任何人一样在他这里正常购物，这当然是合乎义务的。因此，人们得到**诚实的**服务；但是，这远远不足以使人因此相信，商人是出自义务和诚实的原理这样行事的；他的利益要求他这样做。但除此之外，在这里也不能假定他对买主还有一种直接的偏好，使他仿佛出自爱而在价格上一视同仁。因此，这个行为之所以发生，既不是出自义务，也不是出自直接的偏好，而仅仅是怀有自私的意图。

与此相反，保存自己的生命则是义务，此外每一个人也都对此还有一种直接的偏好。但因此缘故，大多数人对此怀有的经常是恐惧的担忧，毕竟没有任何内在的价值，他们的
〔398〕准则并没有任何道德的内容。他们保存自己的生命，虽然是**合乎义务的**，但却不是**出自义务的**。与此相反，如果逆境和无望的悲伤完全夺去了生命的趣味，如果不幸的人内心坚强，对自己的命运愤怒多于怯懦和沮丧，期望死亡，不爱生命却保存生命，不是出自偏好或者恐惧，而是出自义务，在这种情况下，他的准则就具有一种道德的内容。

力所能及地行善是义务，此外，有一些富有同情心的人，即便没有虚荣或者利己的其他动因，他们也对在周围传播愉快而感到一种内在的喜悦，如果别人的满足是他们引起的，他们也会为之感到高兴。但我认为，在这种场合，诸如此类的行为无论多么合乎义务，多么可爱，都不具有真正的道德价值，而是与其他偏好同属一类。例如对荣誉的偏好，如果它幸运地涉及事实上有益公众且合乎义务、因而值得敬重的东西，则它理应受到称赞和鼓励，但并不值得尊崇，因为准则缺乏道德内容，亦即不能出自偏好，而是只能**出自义务**去

作出这些行为。因而，假定那位慈善家的心灵被他自己的悲痛所笼罩，这种悲痛消解了对他人命运的一切同情，而他总是还有能力施惠于其他穷困的人，但由于他自己的穷困就已经够他应付了，别人的穷困打不动他；而现在，在没有任何偏好再鼓动他去施惠的时候，他却从这种死一般的麻木中挣脱出来，没有任何偏好地、仅仅出自义务地作出这个行为；在这种情况下，这个行为才具有其真正的道德价值。进一步说：即使自然在根本上很少把同情置入某人心中；即使此人（在其他方面是一个正人君子）在气质上是冷漠的，对他人的不幸漠不关心，这也许是因为他甚至对自己的不幸也具有忍耐和刚毅的特殊禀性，在每一个别的人那里也预设或者甚至要求有诸如此类的禀性；即使自然原本就没有把这样一个人（他确实不会是自然的最坏产品）造就成为一个慈善家，他难道就不会在自身里面还发现一个源泉，赋予他自己一种比善良的气质所可能具有的价值更高得多的价值吗？当然如此！恰恰在这里，显示出性格的价值，而这种价值在道德上无可比拟地是最高的价值，也就是说，他施惠并不是出自偏好， 〔399〕
而是出自义务。

保证自己的幸福是义务（至少间接地是义务），因为在诸多忧虑的挤迫中和在未得到满足的需要中对自己的状况缺乏满意，这很容易成为一种重大的**诱惑去逾越义务**。但是，即便在这里不考虑义务，一切人都已经自动地对幸福具有最强有力的和最热忱的偏好，因为正是在这个理念中，一切偏好都结合成为一个总和。只不过，幸福的规范大多具有这样的性状，即它对一些偏好大有损害，关于在幸福的名称下一切偏好的满足的总和，人毕竟不能形成一个确定的和可靠的概念；因此毫不奇怪，一个惟一的、就其许诺的东西和能够得到满足的时间而言确定的偏好，比一个游移不定的理念更有分量。而人，例如一个足痛风患者，可能选择享受他中意之事，忍受他能够忍受之事，因为经过他估计，他在这里至少不由于对应当存在于健康之中的幸福也许没有根据的期待，就牺牲当前时刻的享受。但是，即便在这一场合，如果对幸福的普遍偏好并不决定他的意志，如果健康对他来说至少并不如此必然属于他的估计，那么在这里，和在所有其他场合一样，就还剩下一条法则，即不是出自偏好、而是出自义务来促进他的幸福，而且在这时，他的所作所为才具有真正的道德价值。

毫无疑问，要求爱自己的邻人，甚至爱我们的仇敌的那些经文也应当如此理解。因为作为偏好的爱是不能被要求的，但出自义务本身的行善，即使根本没有偏好来驱使，甚至有自然的和无法抑制的反感来抗拒，却是**实践的**爱，而不是**病态的**爱。这种爱就在意志之中，而不是在感觉的倾向之中，在行动的原理之中，不是在温存的同情之中；惟有这种爱才是可以要求的。

第二个命题是：一个出自义务的行为具有自己的道德价值，**不在于**由此应当实现的**意图**，而是在于该行为被决
〔400〕定时所遵循的准则，因而不依赖行为的对象的现实性，而仅仅依赖该行为不考虑欲求能力的一切对象而发生所遵循的**意欲的原则**。我们在行动时可能有的意图以及作为意志的目的和动机的行为结果，都不能给予行为以无条件的和道德的价值，这一点由上文已可清楚知道。因此，这种价值如果不在与行为的预期结果相关的意志之中，它能够在

什么地方呢？它不能在任何别的地方，只能**在意志的原则中**，而不考虑由这些行为能够造成的目的；因为意志处在其形式的先天原则和其质料的后天动机的中间，仿佛是处在一个十字路口，而且既然它毕竟必须被某种东西所规定，所以当一个行为出自义务而发生时，它就必须被一般意欲的形式原则所规定，因为它被剥夺了一切质料的内容。

第三个命题是出自前两个命题的结论，我将这样来表述它：**义务就是出自对法则的敬重的一个行为的必然性**。对于作为我打算采取的行动之结果的客体来说，我固然能够有**偏好**，但**决不会有敬重**，这正是因为它仅仅是一个意志的结果，而不是一个意志的活动。同样，对于一般而言的偏好来说，无论它是我的偏好还是另一个人的偏好，我也不可能有敬重。我顶多可能在第一种场合认可它，在第二种场合有时可能甚至喜欢它，也就是说，把它看做是有益于我的利益的。惟有仅仅作为根据、但绝不作为结果而与我的意志相联结的东西，不为我的偏好服务而是胜过它、至少在选择时把它完全排除在估量之外的东西，因而纯然的法则本身，才能是敬重的对象，从而是一条诫命。如今，一个出自义务的行为应当完全排除偏好的影响，连带地排除意志的任何对象；因此，在客观上除了法则，在主观上除了对这种实践法则的**纯粹敬重**，从而就是即便损害我的一切偏好也遵从这样一种法则的准则①之外，对于意志来说就不剩下任何东西能够决定它了。〔401〕

① **准则**是意欲的主观原则；客观原则（也就是说，当理性对欲求能力有完全的支配力的时候，也会在主观上充当一切理性存在者的实践原则的东西）则是实践的**法则**。

因此，行为的道德价值不在于由它出发所期待的结果，因而也不在于任何一个需要从这个被期待的结果借取其动因的行为原则。因为这一切结果（自己的状态的舒适性，甚至对他人的幸福的促进）也能够通过别的原因来实现，因而为此不需要一个理性存在者的意志，而最高的和无条件的善却只能在这样的意志中发现。因此，不是别的任何东西，而是**当然仅仅发生在理性的存在者里面的法则的表象**自身，就它而非预期的结果是意志的规定根据而言，构成了我们在道德上所说的如此优越的善；这种善在依此行动的人格本身中已经在场，但不可首先从结果中去期待它。①

① 有人可能指责我，说我在**敬重**这个词后面仅仅托庇于一种隐晦的情感，而不是用一个理性概念在这个问题中作出清晰的答复。然而，尽管敬重是一种情感，它也毕竟不是一种通过影响而**接受的**情感，而是通过一个理性概念而**自己造成的**情感，因而与前一种可以归诸偏好或者恐惧的情感有类的区别。我直接认做对我是法则的东西，我亦以敬重认识之，敬重仅仅意味着我的意志无须对我的感官的其他影响的中介就**服从**一个法则的意识。意志直接为法则所规定以及对此的意识就叫做**敬重**，以至于敬重被视为法则对主体的**结果**，而不被视为法则的**原因**。真正说来，敬重是一种损害我的自爱的价值的表象。因此，这是既不被视为偏好的对象、也不被视为恐惧的对象的某种东西，尽管它与二者同时有某种类似之处。所以，敬重的**对象**仅仅是**法则**，而且是我们加诸**我们本身**、就自身而言必然的法则。作为法则，我们服从它，而不征求自爱的意见；作为我们自己加诸我们的，它却是我们的意志的一个结果，并且在第一方面与恐惧有类似性，在第二方面与偏好有类似性。对一个人格的所有敬重真正说来只是对那个人格为我们提供范例的法则（正直等等的法则）的敬重。由于我们也把扩展我们自己的才能视为义务，所以我们在一个有才能的人格身上也表现出**一个法则的范例**（通过练习而在这方面变得与它类似），而这就构成我们的敬重。一切道德上的所谓**兴趣**都仅仅在于对法则的**敬重**。

但是，一个法则的表象，即便不考虑由此所期待的结果，也必须规定意志，以便意志能够绝对地和没有限制地叫做善的。什么样的法则能够如此呢？既然我从意志去除了一切可能从遵循某一个法则使它产生的冲动，所以，剩下来的就只有一般行为的普遍合法则性了。惟有这种合法则性应当充任意志的原则，也就是说，我决不应当以别的方式行事，除非**我也能够希望我的准则应当成为一个普遍的法则**。如今在这里，惟有一般而言的合法则性（不以任何一种规定在某些行为上的法则为基础）才是充任意志的原则、而且在义务不应当到处都是一个空洞的妄念和荒诞的概念的时候就必须充任意志的原则的东西；普通的人类理性在其实践的判断中也与此完全契合，在任何时候都牢记上述原则。 〔402〕

例如问题是：如果我处在困境中，我就不可以作出一项有意不履行的承诺吗？在这里，我很容易作出这一问题的意义可能有的区别：作出一项虚假的承诺，这是聪明的，还是合乎义务的？前者毫无疑问经常发生。尽管我清楚地看出，靠这一借口来摆脱当前的困境是不够的，而是必须考虑，从这个谎言中会不会日后对我产生比我现在所摆脱的麻烦更大得多的麻烦呢？而既然在我自以为的一切**精明**中，后果并不很容易预见，以至于一旦失去信誉，对我来说可能比我现在要避免的一切祸害都更为不利得多，所以在这里按照一个普遍的准则行事，并且养成除非有意遵守就不许诺的习惯，岂不是更为**明智的**行为吗？然而，我在这里马上就发现，这样一种准则毕竟始终只是以令人担心的后果为基础的。如今，出自义务而真诚，与出自对不利后果的担心而真诚，毕竟是某种完全不同的东西，因为在第一种情况中，行为的概念自身就已经包含着对我的一个法则，而在第二种情况中，我却必须首先环顾别处，看对我来说可能有什么后果与此相联系。因为如果我背离义务的原则，那么，这肯定是恶的；但如果我背弃我的明智准
〔403〕则，则这有时可能对我十分有利，尽管保持它当然更可靠。然而，为了就回答“一个说谎的承诺是否合乎义务”这一问题而言以最简捷而又最可靠的方式获得教诲，我问我自己：我对我的准则（通过一个虚假的承诺使自己摆脱困境）应当被视为一个普遍的法则（不仅适用于我，而且也适用于别人）真的会感到满意吗？我真的会对自己说：每一个人如果处在他不能以别的方式摆脱的困境中的时候，都可以作出一种虚假的承诺吗？于是我马上就意识到，我虽然能够愿意说谎，但却根本不能愿意有一个说谎的普遍法则；因为按照这样一个法则，真正说来就根本不会有承诺，因为我就自己将来的行为而言对其他人预先确定我的意志，而这些人却并不相信我的这种预先确定，或者，如果他们轻率地相信，也会以同样的方式回报我，这种预先确定就是徒劳的；从而我的准则一旦被当成普遍的法则，就必然毁灭自己本身。

因此，我根本不需要高瞻远瞩的洞察力就能知道，为了使我的意欲在道德上是善的，我应当怎么办。即便对世事的进程没有经验，即便不能把握世事进程的所有自行发生的意外变故，我也只问自己：你能够也愿意你的准则成为一个普遍的法则吗？如果不能，这个准则就是应予抛弃的，而且这虽然不是因为由此你或者还有他人将面临的一

种不利，而是因为它不能作为原则适于一种可能的普遍立法；但对于这种立法来说，理性迫使我给予直接的敬重，我虽然现在尚未**看出**这种敬重的根据何在（哲学家可以去研究这一点），但毕竟至少懂得：这是对远远超出由偏好所赞许的东西的一切价值的那种价值的赏识，而且我出自对实践法则的**纯粹**敬重的行为的必然性，就是构成义务的东西，而任何别的动因都必须为义务让路，因为义务是一种**就自身而言**即善的、其价值超乎一切东西的意志的条件。

这样，我们就在普通人类理性的道德认识中一直达到了它的原则；普通人类理性尽管当然不如此在一个普遍的形式中抽象地思维这一原则，但毕竟在任何时候都现实地记得它，并把它用做自己的判断的圭臬。在此，如果人们 〔404〕
不教给普通人类理性丝毫新东西，只是像苏格拉底所做的那样，使它注意自己的原则，那就很容易指出，它手拿这个罗盘，在一切出现的事例中都能够清楚地知道如何分辨什么是善、什么是恶、什么是合乎义务的、什么是违背义务的；因而不需要任何科学和哲学就能够知道，为了成为诚实的和善的，甚至成为睿智的和道德的，人们就必须怎么办。甚至事先就能够推断出这一点，即了解每一个人都必须做、因而也必须知道的东西，这也是每一个人、甚至最普通的人的事情。在这里，人们毕竟能够不无惊赞地看到，在普通的人类知性中，实践的判断能力超过理论的判断能力竟是如此之多。在理论的判断能力中，如果普通理性敢于脱离经验的法则和感官的知觉，它将陷入全然的不可理解和自相矛盾之中，至少将陷入不确定、隐晦和反复无常的混沌中。但在实践的判断能力中，只有在普通知性把一切感性的动机从实践法则中排除掉的情况下，判断力才开始表现得十分优越。在这种情况下，无论普通知性是想用自己的良知或者用与应当被称做对的东西相关的其他要求作出刁难，还是也想真诚地为了教导自己而规定行为的价值，它都变得甚至敏锐起来。而最多的是，它在后一种情况下能够希望做得恰到好处，就像无论哪一位哲学家都可期待的那样；甚至在这方面几乎比哲学家还更有把握，因为哲学家毕竟没有与普通知性不同的原则，但却可能因一大堆外来的、与事情不相干的考虑轻易地搅乱自己的判断，使之偏离正确的方向。据此，在道德事务上只要有普通的理性判断就够了，而且搬出哲学，顶多是为了更为完备地、更易理解地展现道德的体系，此外更方便地展现其应用原则（但更多的是其讨论原则），而不是为了甚至在实践方面使普通人类知性脱离其幸运的淳朴，通过哲学把它带上一条研究和教导的新路上，这岂不是更可取吗？

清白无辜是一件美好的事情，只不过很糟糕的又是，
〔405〕它不能被很好地保持，容易受到诱惑。因此，甚至智慧——它通常在于行止，比在于知识更多——也毕竟需要科学，不是为了从它学习，而是要为自己的规范带来承认和持久性。人在自身中，感觉到一种强大的抵制力量，来反对理性向他表现得如此值得尊重的所有义务诫命；这种感觉就在于其需要和偏好，他把这些需要和偏好的全部满足统统归摄在幸福的名下。如今，理性不对偏好有所许诺，毫不容情地、因而仿佛是以拒绝和无视那些激烈且显得如此合理的要求来颁布自己的规范。但由此就产生出一种**自然的辩证法**，也就是说，产生出一种癖好，即以玄想来反

对义务的那些严格的法则，怀疑它们的有效性，至少是怀疑它们的纯粹性和严格性，并尽可能使它们顺应我们的愿望和偏好，亦即在根本上败坏它们，使其丧失一切尊严；这样的事情，甚至普通的实践理性归根结底也不可能同意的。

因此，**普通的人类理性**并不是由于任何一种思辨的需要（它只要满足于仅仅是健康的理性，就绝不会感觉到这种需要），而是甚至出自实践的根据，才被迫走出自己的范围，一步跨入一种**实践哲学**的领域，以便在那里为其原则的源泉及其正确的规定，与依据需要和偏好的准则相比，获得说明和明晰的指示，使自己脱离由于这两方面的要求而陷入的困境，以免冒因它容易陷入的暧昧而失去一切真正的道德原理的危险。因此，当实践上的普通理性陶冶自己的时候，在它里面就不知不觉地产生出一种**辩证法**，迫使它求助于哲学，正如普通理性在理论应用中所遇到的一样。因此，实践理性与理论理性一样，除了在对我们的理性的一种完备的批判中之外，不能在别的地方找到安宁。

〔406〕

第二章
由通俗的道德世俗智慧到道德形而上学的过渡

在我们从我们的实践理性的普通应用中得出我们迄今为止的义务概念之后，由此还绝不能推出，好像我们已经把它当做一个经验概念来对待了。毋宁说，当我们注意人的行止的经验时，我们就遇到了经常的、如我们自己所承认的那样合理的抱怨，说人们关于出自义务而行动的意念，根本不能举出可靠的例证，而尽管一些事情的发生会**合乎**那**义务**所要求的东西，但它真正说来是否**出自义务**而发生、从而具有一种道德价值，却始终是有疑问的。因此，对于一切时代来说，都有哲学家绝对否定人类行为中这种意念的现实性，并且把一切都归诸已经或多或少变得精致了的自爱，却并不因此就怀疑道德概念的正确性，反而怀着衷心的惋惜谈到人的本性的脆弱和不纯正。人的本性虽然高贵得足以给自己形成一个如此值得敬重的理念来作为自己的规范，但同时却太软弱了，不能遵循这规范；而且它把本来应当用来为它立法的理性仅仅用做照料偏好的兴趣，而不论是个别地还是充其量就其彼此之间最大的协调而言来照料。

〔407〕事实上，绝对不可能通过经验以完全的确定性澄清任何一个事例，说其中通常合乎义务的行为仅仅依据道德根据、依据其义务的表象。因为虽然有时出现这种情况：我

们即使最严厉地省察自己，也未发现任何东西，除了义务的道德根据之外能有足够的力量，推动我们去作出这个或者那个善的行为，并作出如此之大的牺牲；但由此根本不能有把握地推断，实际上根本没有隐秘的自爱冲动，仅仅伪装成那个理念，来作为意志的真正规定原因。在这种情况下，我们反而乐意用一个虚妄的更高贵的动因来迎合自己，而实际上即便通过最严格的省察，也绝不能完全弄清隐秘的动机，因为如果说的是道德价值，那么，问题并不在于人们看到的行为，而是在于行为的那些不为人们看到的内在原则。

对于嘲笑一切道德都只不过是一种因自负而过分抬高自己的想象力的幻影的那些人，我们能够如其所愿地效力于他们的，莫过于向他们承认：义务的概念（就像人们也由于贪图安逸而乐意相信，其他所有概念也都如此）必须仅仅从经验得出；因为在这种情况下，人们就使他们稳操胜券了。出自人类之爱，我愿意承认，我们的大部分行为还是合乎义务的。但是，人们如果更仔细地看一看它们的追求，就会到处碰到那个始终引人注目的心爱的自我，这些行为的意图依据的就是这个自我，而不是义务的多半要求自制的严格诫命。人们也不需要真的成为德性的敌人，而只需要成为一个不立即把对善的最强烈的愿望视为善的实现的冷静观察者，就会（尤其是随着年龄的增长，以及判断力一方面通过经验而学乖，另一方面更锐利于观察）在某些时刻变得怀疑：世界上是否真的能够见到某种真正的德性呢？而在这里，没有任何东西能够防止我们完全背离我们的义务理念，在灵魂中保持对义务法则已经确立的敬重，除非是一种清晰的信念：尽管

〔408〕从来没有过从这样一些纯粹的源泉产生的行为，但在这里也根本不是在说此事或者彼事是否发生，而是理性不依赖于任何显象独自地要求什么应当发生，因此，对于世界也许迄今还根本没有提供过实例的那些行为，把一切都建立在经验之上的人甚至会怀疑其可行性，尽管如此它们还是为理性所严厉要求的；例如，即便直到如今也可能根本没有过真诚的朋友，也还是能够毫不减弱地要求每一个人在友谊中有纯粹的真诚，因为这种义务作为一般而言的义务，先行于一切经验，存在于通过先天根据来规定意志的理性的理念之中。

如果我们补充说，人们倘若不想否定道德的概念的一切真实性和与任何一个可能客体的关系，就不能否认自己的法则具有如此广泛的意义，以至于它必然不仅适用于人，而且适用于一切**一般而言的理性存在者**，不是仅仅在偶然的条件下适用且有例外，而是**绝对必然地**适用，那么就很清楚，没有任何经验能够提供理由，哪怕是仅仅推论到这样一些无可置疑的法则的可能性。因为我们有什么权利把也许仅仅在偶然的条件下对人类有效的东西当做任何有理性的本性的普遍规范，使之受到无限制的敬重呢？而且，如果规定**我们的**意志的法则仅仅是经验的，并非完全先天地源自纯粹的、但又是实践的理性，我们怎么应当把它们视为规定一个一般而言的理性存在者的意志的法则，并且仅仅作为这样的法则也视为我们的意志呢？

人们能够给道德出馊主意的，也莫过于想从实例中借来道德了。因为每一个表现给我的道德实例，本身都必须事先按照道德性的原则来判断，看它是否配被当做原初的实例亦即当做范例来用，但它却绝不可能提供道德性的概念。即便是福音书中的圣者，在人们把他认做圣者之前，也必须事先与我们对道德完善性的理想进行比较；关于自己他也说道：你们为什么把（你们看到的）我称为善的？除了（你们看不到的）惟一的上帝之外，没有谁是善的（善的原型）。但是，关于作为最高的善的上帝，我们从哪里得到他的概念呢？惟 〔409〕有从理性先天地关于道德的完善性所制订的、且与一个自由的意志不可分割地联结在一起的那个**理念**中。模仿在道德领域根本不成立，实例只是用做鼓励，也就是说，它们使法则所要求的东西的可行性不受怀疑，它们使实践规则更为一般地表达的东西变得直观，但绝不给人以权利把它们存在于理性中的真正原型置之一旁，且按照实例行事。

在这种情况下，如果没有一条真正的道德最高原理不是必须独立于一切经验、仅仅依据纯粹理性的话，那我就相信，只要这种知识应当与普通的知识区别开来，并且叫做哲学的，则哪怕只是问一问一般地（抽象地）阐明这些连同属于它们的原则皆为先天所确立的概念是否妥当，也是没有必要的。但在我们的时代里，这也许还是必要的。因为如果人们搜集选票，看是抽除一切经验性成分的纯粹理性知识，从而是道德形而上学更受欢迎，还是通俗的实践哲学更受欢迎，那么，人们马上就会猜到优势将在哪一方了。

当然，如果向纯粹理性的原则的上升事先已经发生，并且达到了完全的令人满意，那么，向民众概念的这种下降就是很值得赞许的了；而且这可以叫做：先把道德的学说**确立**在形而上学上，在它站稳后，再通过通俗性使它**易于接受**。但是，在原理的一切正确性所取决的最初研究中就已经想顺从通俗性，这却是极其荒唐的事情。不仅是这种行事方式绝不能要求一种真正的**哲学通俗性**的极为罕见的功绩，因为如果人们在这里放弃一切审慎的洞识，就根本不存在让人通俗易懂的技巧，而且它还暴露出由拼凑起来的观察和半玄想的原则所构成的一种讨厌的杂拌。无聊之辈喜欢这种杂拌，因为它对于日常的闲聊来说的确是某种可用之物，而有识之士却无可奈何地掉头不顾，尽管极清晰地看透幻象的哲学家时而叫人离弃所谓的
〔410〕通俗性，只是在取得确定的洞识之后再合情合理地通俗化，却很少有人听他的话。

人们只要看一看以那种受欢迎的趣味关于道德所做的种种尝试，就会时而遇到人的本性的特殊规定（但偶尔也遇到关于一般而言的有理性的本性的理念），时而遇到完善性，时而遇到幸福，在这里遇到道德情感，在那里遇到对上帝的畏惧，这个取一点，那个也取一点，形成奇妙的混合，却不曾想到去问一问：是否真的能在人类本性的知识（我们毕竟只能从经验获得这种知识）中去寻找道德的原则？如果不是这样，如果道德的原则只能完全先天地、不带任何经验性成分地、绝对地在纯粹的理性概念中发现，一点也不能在其他地方发现，人们也不曾想到采取措施，

① 如果愿意，人们可以（就像纯粹数学被与应用数学区别开来，纯粹逻辑被与应用逻辑区别开来一样）把纯粹的道德哲学（形而上学）与应用的（亦即应用于人的本性的）道德哲学区别开来。通过这一称谓，人们也将立刻想到，道德原则不是建立在人的本性的特性之上，而是必须先天地自行存在，但对于每一个有理性的本性，因而也对于人的本性来说，实践的规则必须从道德原则派生出来。

宁可把这种研究作为纯粹的、实践的世俗智慧或者（如果可以使用一个受到诋毁的名称的话）道德形而上学①完全分出来，使之独自达到全部的完备性，并且安抚要求通俗性的读者，直到这项工作结束。

但是，这样一门完全分离的道德形而上学，既不与任何人类学、神学、物理学或者超物理学相混，更不与隐秘的质（人们可以称之为亚物理学的）相混，不仅是义务的一切理论的、可靠地确定的知识的一个不可或缺的基底，而且同时是现实地实现义务的规范的一个极为重要的急需之物。因为义务以及一般而言道德法则的纯粹的、不与经验性刺激的外来添加相混的表象，仅仅通过理性的途径（理性在这里首次了解到，它自己也能够是实践的）对人心有一种强有力的影响，比人们能够从经验性领域征集的一切动机①还强有力得多，使它在对自己的尊严的意识中蔑视 〔411〕
这些动机，并能够逐渐地成为它们的主宰；与此相反，一种由情感和偏好的动机、同时由理性概念组合而成的混合的道德学

① 我曾经收到过已故的、杰出的**苏尔策**的一封信，他在信中问我：德性的学说无论对理性有多少令人信服的东西，却收效甚微，其原因何在？为了准备作出完备的回答，我延迟了自己的答复。不过，其原因无非是，教师本人就没有使其概念成为纯粹的，而且由于他们想做得太好，却因为到处搜集道德善的动因，要使药方真正有效力，而败坏了这药方。因为最普通的考察也表明，如果人们介绍一个正直的行为，说它如何是丝毫无意于在这个世界或者另一个世界上的任何一种好处，甚至是在困窘或者诱惑的极大引诱之下以坚定的灵魂作出的，那么，这个行为就远远超过一切哪怕只是一点点受到外来动机刺激的类似行为，使之相形失色，并且升华灵魂，激起也能够如此行动的意愿。就连半大不小的儿童也感受到这种印象，而人们也决不应当以别的方式向他们介绍义务。

说，必然使心灵在无法归摄到任何原则之下的种种动因之间动摇，这些动因只能极偶然地引人向善，但却也时常引人向恶。

由以上所说可见：一切道德概念都完全先天地在理性中有其位置和起源，而且无论是在最普通的人类理性中，还是在最高程度的思辨理性中，都是如此；这些概念不能从任何经验性的，因而纯属偶然的知识中抽象出来；它们的尊严正在于其起源的这种纯粹性，使它们能够充当我们的最高实践原则；任何时候，人们添加多少经验性的东西，就也使它们的真正影响和行为不受限制的价值蒙受多少损失；从纯粹理性汲取它们的概念和法则，纯粹地、不加掺杂地予以阐述，甚至规定这全部实践的或者纯粹的理性知识的范围，亦即规定纯粹实践理性的全部能力，这不仅当问题仅仅在于思辨的时候在理论方面具有极大的必要性，而且也具有极大的实践重要性，但此时不要像思辨哲学会允许，甚至有时认为有必
〔412〕要的那样，使原则依赖人类理性的特殊本性，而是由于道德法则应当对每一个理性存在者有效，已经从一个一般而言的理性存在者的普遍概念中导出道德法则，并以这样的方式首先使一切为了**应用**于人而需要人类学的道德不依赖人类学，当做纯粹的哲学，亦即当做形而上学予以完备的阐述（在这种完全分离的知识中，这一点可以作得很好），并且要清楚地意识到，若不拥有这门形而上学，则且不说精确地为思辨判断规定义务在一切合乎义务的东西中的道德成分是白费力气，甚至在纯然普通的和实践的应用中，尤其是在道德教育中，也不可能把道德建立在其真正的原则之上，并由此造成纯粹的道德意念，为了最高的公益把这种意念灌输给心灵。

但是在这一探讨中，为了通过各个自然的阶段不仅从

普通的道德判断（它在这里很值得重视）像通常发生的那样前进到哲学的道德判断，而且由一门只走到它凭借实例摸索着能够达到的地方的通俗哲学前进到形而上学（它不再为任何经验性的东西所阻拦，而且由于它必须测度这一类理性知识的总和，它必要时将前进到理念，在那里我们将失去实例），我们必须探究并且清晰地阐明实践的理性能力，从它的普遍的规定规则开始，直到义务的概念从它产生之处。

自然的每一个事物都按照法则发挥作用。惟有一个理性存在者具有**按照**法则的**表象**亦即按照原则来行动的能力，或者说具有一个**意志**。既然为了从法则引出行为就需要**理性**，所以意志无非就是实践理性。如果理性必然地规定意志，那么，这样一个存在者的被认做客观上必然的行为，就也是主观上必然的；也就是说，意志是一种能力，**仅仅**选择理性不依赖于偏好而认做实践上必然的亦即善的东西。但是，如果理性不足以独自规定意志，那么，意志就还服从一些并不总是与客观条件相一致的主观条件（某些动机）；一言以蔽之，如果意志并非**就自身而言**完全合乎理性 〔413〕
（在人这里的确是这样），那么，客观上被认做必然的行为在主观上就是偶然的，而按照客观法则对这样一个意志的规定就是**强制**；也就是说，客观法则与一个并不完全善的意志的关系被表现为对一个理性存在者的意志的规定，这种规定虽然是通过理性的根据，但这个意志在本性上并不必然服从这些根据。

一个客观原则的表象，就该原则对于一个意志是强制性的而言，就叫做一个（理性的）诫命，这个诫命的公式就叫做**命令式**。

一切命令式都用一个应当来表述，并且由此表示理性的一个客观法则与一个意志的关系，这个意志就其主观性状来说并不必然为这个法则所规定（一个强制）。它们说的是：做某件事或者放弃某件事，就会是善的；然而，它们是把这告诉一个意志，这个意志并不总是因为被告知做这件事是善的，就去做这件事。但是，凭借理性的表象，从而不是出自主观的原因，而是客观地、亦即从对每一个作为理性存在者的理性存在者都有效的根据出发来规定意志的东西，就是实践上善的。它与**适意的东西**不同，后者是仅仅凭借出自纯然主观原因的感觉来影响意志，而这些原因只对这个人或者那个人的感觉有效，而不是作为对每一个人都有效的理性原则。①

〔414〕 因此，一个完全善的意志同样要服从（善的）客观法则，但并不因此就能够被表现为**被强制**去做合乎法则的行

① 欲求能力对感觉的依赖性就叫做偏好，因此，偏好在任何时候都表现出一种**需要**。但是，一个偶然地可被规定的意志对理性原则的依赖性则叫做一种**兴趣**。因此，兴趣仅仅发生在一个有依赖的意志那里，这个意志并不是自动地在任何时候都合乎理性；在属神的意志中，人们不能设想任何兴趣。但是，就连属人意志也可以对某种东西**有兴趣**，却并不因此就**出自兴趣而行动**。前者意味着对行为的**实践**兴趣，后者则意味着对行为的对象的**病理学**兴趣。前者仅仅表示意志依赖理性就自身而言的原则，后者则表示意志依赖理性为了偏好的原则，也就是说，理性在此仅仅指示如何满足偏好的需要的实践规则。在前一种场合，我感兴趣的是行为，在第二种场合，我感兴趣的是行为的对象（就它合我的意而言）。我们在上一章里就已经看到：在一个出自义务的行为中，必须关注的不是对对象的兴趣，而仅仅是对行为本身及其在理性中（在法则中）的原则的兴趣。

为，因为就其主观性状而言，它自身只能被善的表象来规定。因此，对于**属神的**意志来说，一般而言对于一个**神圣的**意志来说，并不适用命令式；这里不是**应当**的合适位置，因为**意欲**自己就已经与法则必然一致。所以，命令式只是表达一般意欲的客观法则与这个或者那个理性存在者的意志，例如与一个属人的意志的主观不完善性之关系的公式。

现在，一切**命令式**都要么是**假言地**、要么是**定言地**发布命令的。前一些命令式把一个可能的行为的实践必然性表现为达成人们意欲的（或者人们可能意欲的）某种别的东西的手段。定言命令式则是把一个行为表现为自身就是客观必然的，无须与另一个目的相关。

由于任何实践的法则都把一个行为表现为善的，从而对一个可以被理性实践地规定的主体来说把它表现为必然的，所以一切命令式都是规定一个行为的公式，按照一个以任何方式都是善的意志的原则，这个行为是必然的。现在，如果行为仅仅**为了别的目的**作为手段是善的，那么，命令式就是**假言的**。如果行为被表现为**就自身而言**善的，从而被表现为在一个就自身而言合乎理性的意志之中是必然的，被表现为该意志的原则，那么，命令式就是**定言的**。

因此命令式说的是，哪一种通过我而可能的行为是善的，而且它与一个意志相关来表现实践的规则，这个意志并不因为一个行为是善的就立刻去做，这一方面是因为主体并不总是知道它是善的，另一方面是因为即便主体知道它是善的，主体的准则毕竟有可能违背一种实践理性的客观原则。

因此，假言的命令式只是说，行为对于某一个**可能的**

〔415〕或者**现实的**意图来说是善的。在第一种情况下，它是一个**或然的**实践原则，在第二种情况下，它是一个**实然的**实践原则。定言命令式不与任何一个意图相关，亦即无须任何别的目的，自身就宣称行为是客观必然的，所以被视为一个**必然的**实践原则。

人们可以把仅仅通过某个理性存在者的力量就可能的东西也设想为对某个意志来说可能的意图，因此，就行为对达成一个由它造成的可能意图被表现为必然的而言，它的原则事实上多至无限。一切科学都有某个实践的部分，它由说明某个目的对我们来说有可能的一些课题和说明该目的如何能够被达成的一些命令式组成。因此，一般而言这些命令式可以叫做**技巧**的命令式。这里根本不问目的是否是理性的和善的，而是只问为达成目的必须作什么。医生为使自己的病人痊愈所用的处方和一个投毒者为有把握地杀死此人所用的处方，就每一个都可用来完满地达成其意图而言，具有同等的价值。由于人们在少年时不知道我们在生活中会碰上哪些目的，所以父母力图特别是让自己的孩子学习**各种各样的东西**，而且为其使用手段达成各种各样**随便什么**目的的**技巧**操心；对于这些目的的任何一个来说，他们都无法确定是否真的将来可能成为其孩子的一个意图；然而，其孩子有朝一日会以此目的为意图，这却毕竟是**可能的**；这种操心如此周到，以至于他们通常都忽略了教孩子们对自己可能当做目的的事物的价值作出判断，并纠正孩子们的判断。

尽管如此，有一个目的，人们在一切理性存在者（就命令式适用于它们，亦即有依赖的存在者而言）那里都可以把它预设为现实的，因而有一个意图，理性存在者绝不是仅仅**可能**怀有它，而是人们能够有把握地预设，理性存在者全都按照一种自然必然性**怀有**它，这就是对**幸福**的意图。作为促进幸福的手段的行为，表现其实践必然性的假言命令式就是**实然的**。人们可以把它说成是不仅对于一个不确定的、纯然可能的意图必然的，而且是对于人们能够有把握地、先天地在每一个人那里预设的一个意图必然的，因为这个意图属于每一个人的本质。现在，人们可以把为 〔416〕 自己的最大福祉选择手段时的技巧称为最狭义的**机智**①。因此，与为自己的幸福选择手段相关的命令式，亦即机智的规范，还一直是**假言的**；行为并不是绝对被要求的，而只是作为另一个意图的手段被要求的。

最后，有一种命令式，它无须以通过某个行为要达成的任何别的意图为基础，就直接要求这个行为。这种命令式就是**定言的**。它不涉及行为的质料及其应有的结果，而是涉及行为由以产生的形式和原则，行为的根本善在于意念，而不管其结果如何。这种命令式可以叫做**道德**的命令式。

依照这三种原则的意欲，也因对意志的强制的**不同**而清晰地区分开来。为了明确这种不同，我认为，如果说它们要么是技巧的**规则**，要么是机智的**建议**，要么是道德的

① 机智这个词是在双重意义上使用的，在第一层意义上它可以叫做世事的机智，在第二层意义上它可以叫做私事的机智。第一种机智是一个人影响他人、为自己的意图利用他人的技巧。第二种机智是为自己的持久利益把所有这些意图统一起来的洞识。后者真正说来是前者的价值也要回溯到的那种机智；而且对于在第一种意义上、而并非在第二种意义上机智的人，人们倒不如说：他灵巧而且狡猾，但在整体上却并不机智。

诫命（**法则**），就依照其次序给了它们最适当的名称。因为惟有**法则**才带有一种**无条件的**、而且是客观的、从而是普遍有效的**必然性**的概念，而诫命就是必须服从、也就是说即便违背偏好也必须遵从的法则。**建议**虽然包含着必然性，但这种必然性惟有在主观偶然的条件下，即这个人还是那个人把这件事还是那件事算做自己的幸福时，才能够有效；与此相反，定言命令式不受任何条件的限制，并且作为绝对必然的、尽管实践上必然的，完全能够真正地叫做诫命。
〔417〕人们可以把第一类命令式也称为**技术的**（属于技艺），把第二类命令式称为**实用的**[①]（属于福祉），把第三类命令式称为**道德的**（属于一般而言的自由行为，也就是说，属于道德）。

如今就产生了问题：所有这些命令式是如何可能的？这个问题并不要求知道如何能够设想命令式所要求的行为的实施，而是仅仅要求知道如何能够设想命令式在任务中所表达的对意志的强制。一个技巧的命令式是如何可能的，这并不需要特别的讨论。谁意欲目的，就（只要理性对他的行为有决定性的影响）也意欲为此目的不可或缺的、他能够掌握的手段。就意欲而言，这个命题是分析的；因为在对一个作为我的结果的客体的意欲中，已经把我的因果性设想为行动着的原因，亦即对手段的使用了，

① 在我看来，这样可以最精确地规定"**实用的**"一词的真正含义。因为**制裁**如果不是作为必要的法律出自各国的权利，而是出自对普遍的福祉的**关怀**，那它就被称为实用的。如果一部**历史**使人机智，亦即教导世人如何能够比前代更好地，至少同样好地照顾自己的利益，那它就是以实用的方式编写的。

而命令式已经从对这个目的的意欲的概念中得出了为这个目的而必要的行为的概念（要为一个预定的意图规定手段本身，这当然需要综合命题，但综合命题并不涉及使意志的活动实现的根据，而是涉及使客体实现的根据）。为了按照一个可靠的原则把一条线分为两个相等的部分，我就必须从线的两端引出两条相交弧，这当然是数学仅仅通过综合命题教导的；但是，如果我知道，惟有通过这样的行为才能发生上述结果，那么当我完全意欲这个结果时就也意欲为此所需要的行为，这却是一个分析命题；因为把某种东西设想为一个以某种方式因我而可能的结果，和就该结果而言设想我以同样的方式行动，这完全是一回事。

只要关于幸福给出一个确定的概念是件轻而易举的事情，那么，机智的命令式就与技巧的命令式完全一致，并且同样是分析的。因为这两处说的都是：谁意欲目的，就也（按照理性必然地）意欲他为此所掌握的惟一手段。然 〔418〕
而不幸的是，幸福的概念是一个如此不确定的概念，以至于每一个人尽管都期望得到幸福，却绝不能确定地一以贯之地说出，他所期望和意欲的究竟是什么。原因在于：属于幸福概念的一切要素都是经验性的，也就是说都必须借自经验，尽管如此幸福的理念仍然需要一个绝对的整体，即在我当前的状况和任一未来的状况中福祉的最大值。如今，最有见识且最有能力、但毕竟有限的存在者，不可能对他在这里真正说来所意欲的东西形成一个确定的概念。如果他意欲财富，他岂不是会由此给自己招来多少忧虑、嫉妒和窥伺！如果他意欲众多的知识和洞识，这也许会成为一种更加锐利的眼光，而使得现在对他来说尚属隐秘的但又不能避免的灾祸对他显得更加可怕，或者把更多的需要加给他那已经够他忙乱的欲望。如果他意欲长寿，谁向他担保这不会是一种长期的苦难呢？如果他至少意欲健康，身体的不适还是多么经常地阻止完全的健康会使人陷入的放纵，如此等等。简而言之，他无法根据任何一条原理完全确定地规定，什么东西将使他真的幸福。因为要做到这一点，就要求无所不知。因此，人们不能按照确定的原则行动来成为幸福的，而只能按照经验性的建议行动，例如特定食谱、节俭、彬彬有礼、克制等等；据经验的教导，它们通常是最有助于福祉的。由此得出，严格地说，机智的命令式根本不能作出要求，亦即客观地把行为表现为实践上**必然的**；它们与其被视为理性的诫命（praecepta），倒不如被视为建议（consilia）；可靠地和普遍地规定哪种行为将促进一个理性存在者的幸福，这个问题是完全无法解决的，因而在幸福方面不可能有命令式在严格的意义上来要求做使人幸福之事，因为幸福不是理性的理想，而是想象力的理想，这个理想仅仅依据经验性的根据，人
〔419〕们期待这些根据会规定一个行为，由此会达到一个事实上无限的结果序列的全体，那是白费力气。然而，如果人们假定能够可靠地给出达到幸福的手段，那么，机智的这种命令式就会是一个分析的实践命题；因为它与技巧的命令式的区别仅仅在于：在后者这里目的仅仅是可能的，而在前者那里目的是已被给予的；但既然二者仅仅要求达到人们能够预设要以之为目的的东西的手段，所以要求意欲目的者也意欲手段的命令式，在这两种场合就都是分析的。

因此，就这样一种命令式的可能性而言，也不存在任何困难。

与此相反，**道德**的命令式如何可能，却毫无疑问是惟一需要解决的问题，因为这种命令式根本不是假言的，从而客观地表现出的必然性不能像在假言的命令式中那样，以任何前提条件为依据。只不过在这里千万不要忽视，不能**凭借任何实例**亦即经验性地澄清究竟是否有一种诸如此类的命令式，而是要当心，一切显得是定言的命令式都可能以隐秘的方式是假言的。例如说：你不应当做虚假的承诺；而且人们假定，这种不做的必然性绝不仅仅是为避免任何一种别的灾祸而做的建议，使得这是说：你不应当做不诚实的承诺，以免真相大白时你的信用受损失；而是必须把这一类的行为本身视为恶的，因而禁止的命令式就是定言的。如果是这样，那么，人们就不能在任何一个实例中确定地阐明，意志在这里无须其他的动机，仅仅为法则所决定，尽管看起来是可以这样阐明的；因为暗中对羞辱的恐惧、也许还有对其他危险的模糊担忧会对意志产生影响，这始终是可能的。既然经验只能说明我们未知觉到一个原因，谁能够凭借经验来证明这个原因不存在呢？但在这样的情况下，所谓道德的命令式，作为这样一种命令式看起来是定言的和无条件的，事实上却只是一个实用的规范，使我们注意我们自己的利益，并且仅仅教我们小心对待它。

因此，我们将必须完全先天地研究一种**定言**命令式的可能性，因为我们在这里并不享有如下的便利，即定言命令式的现实性在经验中已被给予，从而其可能性无须确立，〔420〕

而只须说明。然而，目前可以看出的是：惟有定言命令式才是一种实践的**法则**，其余的命令式全都虽然能够叫做意志的**原则**，但却不能叫做法则；因为只是为了达到一个任意的意图而必须做的事情，就自身而言可以被视为偶然的，而我们如果放弃这一意图，就在任何时候都可以摆脱这种规范。与此相反，无条件的诫命不容许意志在相反的方面任意行事，因而惟有它具有我们为法则所要求的那种必然性。

其次，就这种定言命令式或者道德法则而言，(看出其可能性的)困难的理由也是非常大的。它是一个先天的综合实践命题①，而且既然要看出这一类的命题的可能性，在理论知识中有诸多困难，所以很容易就可以得出，在实践知识中困难也不会更少。

就这一课题而言，我们想首先尝试，看仅仅一个定言命令式的概念是否也许就能够提供该定言命令式的公式，这个公式包含着一个命题，惟有它才能够是定言命令式；因为即使我们也知道这样一种绝对诫命的内容是什么，但它如何可能，却仍然需要特别的和困难的努力，但我们把这种努力留待下一章。

当我设想一个一般而言的**假言**命令式的时候，在条件被给予我之前，我事先并不知道它将包含什么。但是，当

① 我无须预设出自任何一种偏好的条件，而先天地、从而必然地（虽然只是客观地，亦即在一种完全支配一切主观动因的理性的理念之下）把意志与行为联结起来。因此，这是一个实践命题，它不是把一个行为的意欲从另一个已经预设的意欲分析地推导出来（因为我们并没有如此完善的意志），而是把它当做不包含在一个理性存在者的意志的概念之中的东西，直接与该概念联结起来。

我设想一个**定言**命令式的时候，我立刻就知道它包含着什么。因为既然命令式除了法则之外，所包含的只是准则[①]符合这法则的必然性，而法则却不包含任何限制自己的条件， 〔421〕所以，所剩下的就只是一个一般而言的法则的普遍性，行为的准则应当符合这法则，而且惟有这种符合才真正把命令式表现为必然的。

因此，定言命令式只有一个，那就是：**要只按照你同时能够愿意它成为一个普遍法则的那个准则去行动**。

现在，如果能够把这惟一的命令式作为义务的一切命令式的原则，从它推导出所有这些命令式，那么，我们尽管尚未确定人们称为义务的东西是否在根本上是一个空概念，却至少能够说明我们由此所思维的是什么，以及这个概念想说明的是什么。

由于结果的发生所遵循的法则的普遍性构成了真正说来在最普遍的意义上叫做**自然**的东西，就事物的存在按照普遍的法则被规定而言，这自然也就是事物的存在，所以，义务的普遍命令式也可以这样说：**要这样行动，就好像你的行为的准则应当通过你的意志成为普遍的自然法则似的**。

现在，我们想根据通常的划分来列举一些义务，即划分为对我们自己的义务和对他人的义务，划分为完全的义

① **准则**是行动的主观原则，必须与**客观原则**亦即实践法则区别开来。准则包含着理性按照主体的条件（经常是主体的无知或者偏好）所规定的实践规则，因此是主体**行动**所遵循的原理；而法则是对每一个理性存在者有效的客观原则，是主体**应当行动**所遵循的原理，也就是说，是一个命令式。

务和不完全的义务[①]。

1. 有一个人，经历了一系列足以使人心灰意懒的灾祸
〔422〕而对生活感到厌倦，但还拥有自己的理性，使他能够自问：了结自己的生命是否也绝不违背对自己的义务？现在他要探究：他的行为的准则是否能够成为一个普遍的自然法则？而他的准则是：如果生命因期限的延长将面临的灾祸多于它将带来的安逸，那么，我就出自自爱把缩短它当做我的原则。只不过问题是：自爱的原则是否能够成为一个普遍的自然法则？但人们在这里马上就看出，如果一个自然的法则是凭借以敦促人增益生命为使命的同一种情感来毁灭生命本身，则这个自然就与自身矛盾，从而就不会作为自然存在；所以，那个准则就不可能成为普遍的自然法则，因而就与一切义务的最高原则相抵触。

2. 另一个人，发现自己急需借款。他清楚地知道，他将无法还款；但他也看出，如果他不肯定地许诺在一个确定的时间还款，他就什么也借不到。他很乐意作这样的承诺；但他仍然良知未泯，扪心自问：以这样的方式助自己摆脱困境，是不允许的且违反义务的吗？假定他毕竟决定这样做了，那么，他的行为准则就是：如果我认为自己迫切需要钱，我就要借款并且承诺还款，尽管我知道我永远

① 人们在这里必须注意，我把义务的划分完全留待一部未来的《道德形而上学》，因此此处的这种划分只是随便作的（为了安排我的实例）。此外，我在这里把一种完全的义务理解为不容许为了偏好的利益而有例外的义务，而在这里，我不仅有外在的、而且也有内在的**完全义务**，这与学校里所采用的措辞是相悖的。但我在这里无意作出辩白，因为对于我的意图来说，人们是否赞同我都是一回事。

还不了款。这个自爱或者自利的原则与我整个未来的福祉也许很能协调一致，但现在问题是：这样做对吗？因此，我把自爱的要求转化为一个普遍的法则，并且这样提出问题：如果我的准则成为一个普遍的法则，事情会怎样呢？由此我现在就看出，它绝不可能作为普遍的法则生效并与自身一致，而是必然与自己矛盾。因为一个法则，即每一个人在认为自己处于困境时都可以承诺所想到的东西，却蓄意不信守之，其普遍性就会使承诺和人们在承诺时可能怀有的目的本身成为不可能，因为没有人会相信对自己承诺的东西，而是会把所有这样的表示当做空洞的借口而加以嘲笑。

3. 第三个人，在自身中发现一种才能，这种才能经过若干培养，就能够使他成为一个在各种方面都有用的人。〔423〕但是，他发现自己处在舒适的情状中，而且宁可沉溺于享乐，也不愿努力去扩展和改进自己幸运的自然禀赋。但他仍然自问：他的荒废自己自然禀赋的准则除了与他对欢娱本身的癖好一致之外，是否还与人们称为义务的东西一致？现在他看出：虽然，即使人（就像太平洋上的居民那样）任其才能荒废，并且只想把自己的生命用于闲荡、欢娱、繁殖，一言以蔽之，用于享受，一个自然也总还能按照这样一个普遍法则存在；然而，他不可能**愿意**这成为一个普遍的自然法则，或者作为这样一个法则被通过自然本能置于我们里面。作为一个理性存在者，他必然愿意自己里面的所有能力都得到发展，因为它们毕竟是为了各种各样的意图而对他有用，并被赋予他的。

还有**第四个人**，他处境优裕，但他在看到别人必须极其辛苦地奋斗时（他也很能帮助别人），却想到：这与我有什么相干？且让每一个人都如上天之所欲、或者如他自己之所为一般地幸福，我对他毫无所求，就连嫉妒他也不会；只是我没有兴趣对他的福祉或者对在困境中赞助他有所贡献！现在，如果这样一种思维方式成为一个普遍的自然法则，人类当然能够好好地存在，而且毫无疑问胜似每一个人都空谈同情和善意，也尽力偶尔履行之，但却只要有可能，就欺哄人、出卖人的权利，或者在其他方面损害人的权利。但是，尽管按照那个准则，一种普遍的自然法则还有可能很好地存在，但**愿意**这样一个原则作为自然法则到处生效，这却是不可能的。一个决定这样做的意志就会与自己抵触，因为毕竟有可能发生不少这样的情况：他需要别人的爱和同情，而由于这样一个出自他自己的意志的自然法则，他会剥夺自己得到他所期望的协助的一切希望。

这就是诸多实际的、或者至少被我们视为实际的义务
〔424〕的一些实例，显而易见，它们是从上述统一的原则导出的。人们必须**能够愿意**我们的行为的一个准则成为一个普遍的法则：这就是一般而言对行为作出道德判断的法规。一些行为具有这样的性状：它们的准则绝不能被没有矛盾地**设想**为普遍的自然法则；更不用说人们还能够**愿意**它应当成为这样一个法则了。在其他行为那里，虽然不能发现那种内在的不可能性，但**愿意**它们的准则被提升到一个自然法则的普遍性，这毕竟是不可能的，因为这样一个意志就会与自己矛盾。人们很容易看出：前一种行为与严格的或者较狭隘的（不宽纵的）义务相抵触，第二种仅仅与较宽泛的（值得赞扬的）义务相抵触。这样，就责任的种类（不

是行为的客体）而言，通过这些实例，在它们对统一的原则的依赖中完备地提出了所有的义务。

现在，如果我们在每一次逾越一个义务时都注意我们自己，我们就将发现，我们实际上并不愿意我们的准则应当成为一个普遍的法则，因为这对我们来说是不可能的，而毋宁说这准则的对立面倒应当普遍地保持为法则；只不过我们允许我们自己为了我们或者（哪怕仅仅这一次）为了我们的偏好的利益而**破例**。所以，如果我们从同一个观点亦即理性的观点出发去衡量一切，那么，我们就会在我们自己的意志中发现一种矛盾，亦即某一个原则客观上作为普遍的法则是必然的，但主观上却并不普遍地有效，而是应当允许例外。但是，既然我们先从一个完全合乎理性的意志的观点出发来看我们的行为，然后又从一个受偏好影响的意志的观点出发来看这同一个行为，所以这里实际上并没有矛盾，但有偏好对理性规范的一种对抗（antagonismus)，由此原则的普遍性（univesalitas）转变成一种纯然的一般适用性（generalitas)，从而实践的理性原则就要与准则在半途相逢了。如今，尽管这一点在我们不偏不倚地作出的判断中不能得到辩解，但它毕竟证明，我们实际上承认定言命令式的有效性，并且（怀着对这定言命令式的一切敬重）只允许我们自己有一些在我们看来无关宏旨的、迫不得已的例外。

因此，我们至少已经说明：如果义务是一个应当包含 〔425〕
着意义和为我们的行为的实际立法的概念，那么，义务就只能以定言命令式、决不能以假言命令式来表达；此外，我们也清晰地、为任何应用而明确地阐述了定言命令式的必须包含一切义务的原则（如果在根本上有诸如此类的原则的话）的内容，这就已经够了。但是，我们还未能先天地证明：诸如此类的命令式确实存在着；有一种绝对地、无须任何动机而独自地颁布命令的实践法则；而遵循这种法则就是义务。

要想达到这一步，最为重要的就是把下面这件事引以为戒，即千万不要妄生念头，要从**人类本性的特殊属性**中导出这个原则的实在性。因为义务应当是行为在实践上无条件的必然性；因此，它必须对一切理性存在者（在任何地方，命令都只能用于它们）有效，而且**仅仅因此缘故**，它也是一切人类意志的一种法则。与此相反，从人类的特殊自然禀赋，从某些情感和癖好，甚至可能的话从人类理性特有的、并不必然适用于每一个理性存在者的意志的特殊倾向导出的东西，虽然能够为我们提供一种准则，但却不能提供任何法则；能够提供我们有癖好和偏好来依之行动的主观原则，但却不能提供即便我们的一切癖好、偏好和自然素质都反对，我们也**奉命**依之行动的客观原则；甚至，主观原因对此越不赞成，越多反对，便越是证明一个义务中诫命的崇高和内在尊严，但由此似乎也不削弱法则的强制，不损及它的有效性。

在这里，我们看到哲学事实上被置在一个尴尬的立场上；尽管这个立场无论在天上还是在地上都无所依傍或依托，它却应当是坚固的。在这里，哲学应当证明自己的纯正性，它是它自己的法则的自我支撑者，而不是一种与生俱来的感觉或者谁也不知道哪一种监护的本性悄悄授予它的
〔426〕的那些法则的宣谕官。这后一些原则虽然也聊胜于无，但

却全都绝不能提供理性所颁布的那些原理，而这些原理必须完全先天地有其源泉，且由此同时具有其颁布命令的威望：对人的偏好没有任何期待，而是把一切都寄望于法则的最高权威，或者在相反的情况下判决人自我轻视和内心厌恶。

因此，凡是经验性的东西，都不仅完全不适宜于在这方面作为道德原则的补充，而且甚至对道德的纯正性极为有害。在道德中，一个绝对善的意志的真正的、崇高无价的价值正是在于：行为的原则摆脱了惟有经验才能提供的偶然根据的一切影响。针对在经验性的动因和法则中寻求原则的这种粗心或者甚至卑下的思维方式，人们也不能发出过多、过于频繁的警告，因为人类理性在感到疲倦时，乐意于在这个软垫上休息，并且在甜美假象（它们让理性不是拥抱朱诺，而是拥抱一片云）的梦幻中把一个由来源完全不同的肢体拼凑而成的杂种混充为道德。人们想从这个杂种身上看出什么，它就像什么，只是对于曾经看到过道德的真实面目的人来说，它却不像道德。①

因此问题是：**对于一切理性存在者来说**，在任何时候都按照它们自己能够愿意其充当普遍法则的这些一些准则来判断行为，这是一个必然的法则吗？如果它是这样一个法则的话，它就必须（完全先天地）已经与一个一般而言

① 看到德性的真实面目，无非是剥除感性之物的一切混杂和报酬或者自爱的一切不真实的装饰，来表现道德。在这种情况下，德性使其余一切对偏好显得有魅力的东西黯然失色到什么程度，每一个人只要稍稍尝试运用其未完全丧失抽象能力的理性，就可以轻易察觉到。

理性存在者的概念结合在一起。但是，为了揭示这种联结，人们无论多么不情愿，也必须由此走出，也就是说，迈向形而上学，尽管是迈入形而上学的一个与思辨哲学的领域
〔427〕不同的领域，亦即迈入道德形而上学。在一种实践哲学中，我们关心的并不是去得知**发生**的某事的根据，而是得知即使从未发生也**应当发生**的某事的法则，亦即客观的实践法则。在这里，我们没有必要去探讨下述问题的根据：为什么某物讨人喜欢或者不讨人喜欢？纯然感觉的愉悦如何与情趣有别？而情趣与理性的一种普遍满足是否有别？愉快和不快的情感依据的是什么？从这些情感如何产生出欲望和偏好？从欲望和偏好又如何凭借理性的协助作用产生出准则？因为这一切都属于一种经验性的灵魂学说。如果人们把自然学说视为**自然哲学**，乃是就它基于**经验性法则**而言的，那么，上述灵魂学说也就会构成自然学说的第二个部分。但这里所说的是客观的实践法则，从而是就一个意志仅仅被理性所规定而言它与自身的关系，在这里与经验性的东西相关的一切都自动被排除。因为当**理性独自地**规定举止时（我们现在正是要探讨它的可能性），理性必须先天地作这件事。

意志被设想为**依据某些法则的表象**来规定自己去行动的能力。而这样一种能力只能在理性存在者里面发现。如今，用来作为意志自己规定自己的客观基础的东西，就是**目的**，而目的如果是由纯然的理性给予的，那就必然对一切理性存在者同样有效。与此相反，仅仅包含着其结果为目的的那种行为之可能性的根据的东西，则叫做**手段**。欲求的主观根据是**动机**，意欲的客观根据则是**动因**；因此，

就有依据动机的主观目的和取决于对每一个理性存在者都有效的动因的客观目的之间的区别。实践的原则如果不考虑任何主观的目的，那它们就是**形式的**；但如果它们以主观目的、从而以某些动机为基础，则它们就是**质料的**。一个理性存在者随意预设为自己的行为的**结果**的那些目的（质料的目的），全都只是相对的；因为只有它们与主体的一种特殊欲求能力的关系才给予它们以价值，因而这价值不能提供普遍的、对一切理性存在者都有效和必然的原则，也不能提供对任何意欲都有效和必然的原则，亦即实践的法则。因此，所有这些相对的目的都只是假言命令式的根据。〔428〕

但是，假定有某种东西，**其存在自身**就具有一种绝对的价值，它能够作为**目的自身**而是一定的法则的根据，那么，在它里面，并且惟有在它里面，就会有一种可能的定言命令式亦即实践法则的根据。

现在我说：人以及一般而言每一个理性存在者，都作为目的自身而**实存，不仅仅作为**这个或者那个意志随意使用的**手段**而**实存**，而是在他的一切无论是针对自己还是针对别人的行为中，必须始终**同时**被视为**目的**。偏好的一切对象都只有一种有条件的价值；因为如果偏好以及基于偏好的需要不存在，那么，其对象就毫无价值。但是，偏好本身作为需要的源泉，并没有一种绝对的价值，使自己被期望，以至于完全摆脱它们，反倒必须是每一个理性存在者的普遍愿望。因此，一切能够通过我们的行为**获得**的对象的价值，在任何时候都是有条件的。其存在固然不是依据我们的意志、而是依据自然的意志的存在者，如果它们是无理性的存在者，就仍然只有一种相对的价值，乃是作为手段，因而叫做**事物**。与此相反，理性存在者被称为**人格**，因为它们的本性就已经使它们凸显为目的自身，亦即凸显为不可以仅仅当做手段来使用的东西，所以就此而言限制着一切任性（并且是敬重的一个对象）。因此，这就不仅仅是其实存作为我们的行为的结果而**对于我们来说**具有一种价值的那些主观目的，而是**客观目的**，亦即其存在自身就是目的的东西，而且是一种无法用任何其他目的来取代的目的，别的东西都应当**仅仅**作为手段来为它服务，因为若不然，就根本不能发现任何具有**绝对价值**的东西；但是，如果一切价值都是有条件的，从而是偶然的，那么，对于理性来说，就也根本不能发现任何最高的实践原则了。

因此，如果应当有一种最高的实践原则，就人类意志而言应当有一种定言的命令式，那么，它必然是这样一种原则，它用因为是**目的自身**而必然对于每一个人来说都是
〔429〕目的的东西的表象，构成意志的一种**客观的**原则，从而能够充当普遍的实践法则。这种原则的根据是：**有理性的本性作为目的自身而实存**。所以，就此而言，它是人类行为的一个**主观的**原则。但是，其他任何理性存在者也都根据也对我有效的同一个理性根据来如此设想自己的存在①；因此，它同时也是一个**客观的**原则，意志的一切法则都必须能够把它作为一个最高的实践根据而从它导出。因此，实践的命令式将是这样的：**你要如此行动，即无论是你的人**

① 这里我把这一命题作为公设提出。在最后一章，人们将发现这样做的理由。

格中的人性，还是其他任何一个人的人格中的人性，你在任何时候都同时当做目的，绝不仅仅当做手段来使用。我们要看一看，这一点是否办得到。

这里还使用前面的例子。

第一，按照对于自己的必然义务的概念，打算自杀的人自问：他的行为是否能够与**作为目的自身**的人性的理念共存呢？如果他为了逃避一种艰辛的状态而毁灭自己，那么，他就是把一个人格仅仅当做将一种可以忍受的状态一直维持到生命终结的**一个手段**来利用。但是，人并不是事物，因而不是某种能够**仅仅**当做手段来使用的东西，而必须在他的所有行为中始终被视为目的自身。因此，我对我的人格中的人不能支配任何东西，不能摧残他、损害他或者杀死他（为避免一切误解，例如对为了自保而截肢、对为了保存我的生命而使它蒙受的危险的误解，而对这一原理作出进一步的规定，我在这里必须略过不谈；这种规定属于真正的道德学）。

第二，就对于别人的必然的或者应有的义务来说，有意于对别人作出一种虚假承诺的人将立刻看出，他想把另一个人**仅仅当做手段**来利用，而后者并不同时在自身包含目的。因为我想通过这样一种承诺来为了我的意图而利用的人，不可能会赞同我对待他的方式，因而甚至包含着这个行为的目的。如果人们考虑到侵犯他人自由和财产的实例，则与其他人的原则的这种冲突就更为醒目了。因为在这里显而易见，人的权利的践踏者有意把他人的人格仅仅当做手段来利用，而没有考虑他人作为理性存在者，在任何时候都应当同时作为目的，亦即仅仅作为也在自身必然 〔430〕

包含着这同一个行为的目的的存在者而受到尊重。①

第三，就对于自己的偶然的（可嘉的）义务而言，单是行为不与我们人格中作为目的自身的人性相冲突是不够的，行为还必须与它**相一致**。如今，在人性中有达到更大的完善性的禀赋，这些禀赋就我们主体中的人性而言属于自然的目的；忽视这些禀赋，也许会与作为目的自身的人性的保存相容，但却不能与这一目的的**促进**相容。

第四，就对于他人的可嘉义务而言，一切人所怀有的自然目的就是它们自己的幸福。现在，如果没有人对他人的幸福有所贡献，但也不故意对他人的幸福有所剥夺，人性固然能够存在；但如果每一个人也并不尽自己所能去力图促进他人的目的，则这毕竟只是与**作为目的自身的人性**的一种消极的、而非积极的一致。因为如果那个表象要在我这里产生**全部**影响，则作为目的自身的主体，其目的就必须也尽可能地是**我的**目的。

人性以及每一种一般而言有理性的本性，**作为目的自**

〔431〕**身**（这是每一个人的行为之自由的最高限制条件），它的这一原则并不是从经验取得的；首先，这是因为这一原则的普遍性，因为它关涉所有一般而言的理性存在者，没有任何经验足以在这方面有所规定；其次，是因为在这一原则

① 人们不要以为，“己所不欲，勿施于人”这句老话在这里能够充当准绳或者原则。因为它尽管有不同的限制，但却是从原则导出的；它不可能是一个普遍的法则，因为它既不包含对自己的义务的根据，也不包含对他人的爱的义务的根据（因为有些人会乐于同意，只要他可以免除施惠于他人，他人也无须施惠于他），最后也不包含相互之间的应有义务的根据；因为罪犯会从这一根据出发对要惩罚他的法官提出抗辩，等等。

中，人性不是被（在主观上）表现为人们的目的，亦即不是被表现为人们自行实际上当做目的的对象，而是被表现为客观目的，无论我们要有什么样的目的，这个客观目的都应当作为法则构成一切主观目的的最高限制条件；因此，这一原则必须源自纯粹的理性。也就是说，一切实践立法的根据**客观上在于规则**和（按照第一条原则）使规则能够成为法则（必要时成为自然法则）的普遍性的形式，但**主观上**则在于**目的**；然而，一切目的的主体就是每一个作为目的自身的理性存在者（按照第二条原则）。如今，由此得出意志的第三条实践原则，来作为意志与普遍的实践理性相一致的最高条件，即**每一个理性存在者的意志都是一个普遍立法的意志**的理念。

按照这一原则，一切与意志自己的普遍立法不能相容的准则都被摈弃。因此，意志不是仅仅服从法则，而是这样来服从法则，即它也必须被视为**自己立法的**，并且正是因此缘故才服从法则（它可以把自己看做其创作者）。

依照上述表现方式、亦即行为普遍地与一种**自然秩序**相似的合法则性、或者理性存在者自身普遍的**目的优先**的命令式，虽然正因为它们被表现为定言的，而把任何一种作为动机的兴趣的一切混杂都排除在自己颁布命令的威望之外；但是，它们只是被**假定**为定言的，因为人们要想解释义务的概念，就必须假定诸如此类的东西。但是，存在着一些定言地颁布命令的实践命题，这一点本身却是无法证明的，就像它在本章中也根本不能证明一样；然而，有一件事却是可以做到的，那就是：在命令式本身中，通过 〔432〕
它所包含的某一种规定，也同时暗示着在出自义务的意欲中对一切兴趣的排除，它是定言命令式有别于假言命令式的特殊标记；在原则的目前这第三个公式中，亦即在每一个理性存在者的意志都是**普遍立法的意志**的理念中，这件事就做到了。

因为如果我们设想这样一个意志，那么，尽管一个**服从法则**的意志还可能由于一种兴趣而受这法则约束，但一个本身是最高立法者的意志，却就此而言绝对不可能依赖任何一种兴趣；因为这样一个依赖的意志就会本身还需要另一个法则，来把它的自爱的兴趣限制在普遍法则的有效性的条件上。

因此，只要每一个人类意志都是**一个通过自己的准则普遍地立法的意志**这一原则①在其他情况下具有其正确性，它就会在下面这一点上**极为适合**成为定言命令式：正是由于普遍立法的理念，它**不以任何兴趣为根据**，并因此而在一切可能的命令式中，惟有它能够是**无条件的**；或者我们把这一命题倒过来就更好了：如果有一个命令式（也就是说，有一个适用于一个理性存在者的任何意志的法则），那么，它只能要求从自己的意志的准则出发去做一切事情，这样一个意志同时能够把自己视为普遍立法的；原因在于，只有在这种情况下，实践原则和意志所服从的命令式才是无条件的，因为它根本不能以任何兴趣为根据。

现在，当我们回顾迄今为止为了找出道德原则而作过的一切努力的时候，就不会奇怪，为什么它们全都必然失

① 我在这里可以免于举例来说明这一原则，因为最初说明定言命令式及其公式的所有例子，在这里都可以用于这一目的。

败了。人们看到人由于自己的义务而受到法则的约束，但却不曾想到，人**仅仅**服从**他自己的**、但尽管如此却是**普遍的立法**，而且人仅仅有责任按照他自己的、但就自然目的而言普遍地立法的意志而行动。因为如果人们设想人只是服从一个法则（不管是什么法则），那么，这个法则就必然 〔433〕 带有某种兴趣，来作为诱惑或者强制，因为它不是作为法则产生自**他的**意志，而是这个意志依照法则被**某种别的东西**所强制而以某种方式去行动。但是，由于这种完全必然的推论，找到义务的一个最高根据的一切工作就都不可挽回地归于失败。因为人们得到的绝不是义务，而是出自某种兴趣的行为的必然性。这种兴趣可能是自己的兴趣，或者是别人的兴趣。但在这种情况下，命令式就必然在任何时候都是有条件的，就根本不可能适宜于成为道德诫命。因此，我想把这一原理称为意志**自律**的原则，与任何别的我归为**他律**的原理相对立。

每一个理性存在者都必须通过自己的意志的一切准则而把自己视为普遍立法者，以便从这一观点出发来评价自己以及自己的行为；这样的理性存在者的概念就导向了一个依存于他的非常多产的概念，亦即**一个目的王国**的概念。

但是，我所说的一个**王国**，是指不同的理性存在者通过共同的法则形成的系统结合。现在，由于法则根据其普遍有效性规定着目的，所以如果抽掉理性存在者的个人差异，此外抽掉它们的私人目的的一切内容，那么，就能够设想一切目的系统地联结成为一个整体（不仅包括作为目的自身的理性存在者，而且还包括每一个理性存在者可能为自己设定的个人目的），亦即一个目的王国；按照上述几条原则，这是有可能的。

因为理性存在者全都服从这条法则：每一个理性存在者都应当**决不**把自己和其他一切理性存在者**仅仅当做手段**，而是在任何时候都**同时当做目的自身**来对待。但这样一来，就产生出理性存在者通过共同的客观法则形成的一种系统结合，亦即一个王国，由于这些法则正是着意于这些存在者互为目的和手段的关系，这个王国可以叫做一个目的王国（当然只是一个理想）。

但是，如果一个理性存在者在目的王国中固然是普遍立法者，但自己也服从这些法则，那么，它就是作为**成员**而属于目的王国。如果它作为立法者不服从另一个理性存在者的意志，他就是**作为元首**属于目的王国。

〔434〕理性存在者必须在任何时候都把自己视为一个通过意志的自由而可能的目的王国中的立法者，不管是作为成员，还是作为元首。但是，它不能仅凭其意志的准则，而是惟有在它是一个完全独立的存在者，没有需求，其与意志相称的能力不受限制时，它才能维持元首的地位。

因此，道德性存在于一切行为与立法的关系中，惟有通过这种关系，一个目的王国才是可能的。但是，这种立法必须能够在每一个理性存在者自身发现，并从其意志产生。因此，其意志的原则是：不按照任何别的准则采取任何行动，除非该准则是一条普遍法则这一点能够与该准则相容，因而只这样采取行动，**即意志能够通过其准则同时把自己视为普遍立法者**。现在，如果准则不因为作为普遍立法者的有理性存在者的本性，就已经必然地与它们的这个客观原则一致，那么，按照这个原则的行为的必然性就叫做实践的强制，亦即**义务**。义务并不适用于目的王国中的元首，但却适用于每一个成员，而且在同等程度上适用于所有成员。

按照这个原则去行动的实践必然性，亦即义务，根本不是依据情感、冲动和偏好，而是仅仅依据理性存在者彼此之间的关系；一个理性存在者的意志在这种关系中必须任何时候都同时被视为**立法者**，因为若不然，该原则就不能把它们设想为目的**自身**。因此，理性把作为普遍立法者的意志的每一准则都与每一别的意志联系起来，而且也与对自己的每一个行为联系起来，而且这并不是为了任何其他的实践动因或者未来的利益，而是出自一个理性存在者的**尊严**的理念，这个理性存在者除了它同时为自己立的法之外，不服从任何法则。

在目的王国中，一切东西要么有一种**价格**，要么有一种**尊严**。有一种价格的东西，某种别的东西可以作为**等价物**取而代之；与此相反，超越一切价格、从而不容有等价物的东西，则具有一种尊严。

与普遍的人类偏好和需要相关的东西，都具有一种**市场价格**；即使不以一种需要为前提条件、但却合乎某种趣味、亦即合乎对我们的心灵力量的纯然无目的的嬉戏的一种满足的东西，则具有一种情感价格。但是，构成某物惟 〔435〕
有在其下才能是目的自身的那个条件的东西，则不仅具有一种相对的价值，亦即一种价格，而且具有一种内在的价值，亦即尊严。

现在，道德性就是一个理性存在者惟有在其下才能是目的自身的那个条件，因为只有通过它，才有可能在目的王国中是一个立法的成员。因此，道德和能够具有道德的人性是惟一具有尊严的。工作中的技巧和勤奋具有一种市场价格；机智、活跃的想象力和情绪具有一种情感价格；与此相反，出自原理（不是出自本能）的信守承诺、仁爱具有一种内在的价值。无论是自然还是艺术，都不包含任何在欠缺这些东西时能够取而代之的东西；因为它们的价值并不在于由此产生的结果，并不在于它们所造成的好处和用途，而是在于意念，也就是说，在于意志的准则，即使成果不利于这些准则，它们也仍然要以这种方式在行为中显露自己。这些行为也不需要任何一种主观的气质或者趣味的推荐，让人以直接的认可和满意去看待它们；它们也不需要对它们的直接癖好或者情感。它们把实施它们的意志呈现为一种直接敬重的对象；对此，所需要的只是理性，以便**责成**意志、而不是**哄骗**意志去实施这些行为。对于义务来说，后者根本就是一种矛盾。因此，这种评价使人认识到这样一种思维方式的价值是尊严，并使它无限地超越一切价格；根本不能用价格对这种思维方式进行估量和比较，而不仿佛是损害它的圣洁性。

如今，究竟是什么使道德上善的意念或者德性有资格提出如此之高的要求呢？无非是这种意念为理性存在者争得的**对普遍立法**的参与权，这种意念还通过这种参与权使理性存在者适合于成为一个可能的目的王国的成员。理性存在者由于它自己的本性，已经注定具有这种参与权；它就是目的自身，并恰恰因此而是目的王国中的立法者，就一切自然法则而言是自由的，只服从它给自己所立的、使他的准则能够属
〔436〕于一种普遍立法（它同时也使自己服从这种普遍立法）的那些法则。因为除了法则为之规定的价值之外，没有任何东

西具有一种价值。但正是因为这一点，规定一切价值的立法本身必须具有一种尊严，亦即无条件的、无与伦比的价值；对于这种价值来说，惟有“**敬重**”这个词才能够恰如其分地表达一个理性存在者对这种立法的评价。因此，**自律**就是人的本性和任何有理性的本性的尊严的根据。

但是，上述三种表现道德原则的方式在根本上只不过是同一个法则的三个公式，它们中的每一个都在自身中自行把另外两个结合起来。不过，它们中间毕竟是有差异的，这种差异与其说是客观实践的，倒不如说是主观的，也就是说，是为了（根据某种类比）使理性的一个理念更接近直观，并由此更接近情感。也就是说，所有的准则都具有：

1. 一种**形式**。这个形式就在于普遍性，而在这里，道德命令式的公式是这样来表达的：必须这样来选择准则，就好像它们应当像普遍的自然法则而有效似的。

2. 一种**质料**。也就是说，一个目的。这里的公式说的是：理性存在者就其本性而言作为目的，从而作为目的自身，对于每一个准则来说充当一切纯然相对的和任意的目的的限制条件。

3. 对一切准则的**一种完备的规定**。其规定乃是通过那个公式，亦即：所有的准则都应当从自己的立法出发而与一个作为自然王国的目的王国①协调一致。这里的进程就像

① 目的论把自然视为一个目的王国，道德学则把一个可能的目的王国视为一个自然王国。在前者，目的王国是用来说明存在着的东西的一个理论理念。在后者，目的王国是一个实践理念，用来实现，而且恰恰是依据这个理念来实现并不存在、但通过我们的所作所为就能够成为现实的东西。

是通过意志形式的**单一性**（意志的普遍性）、质料（客体，亦即目的）的**复多性**和意志体系的**全体性**或者总体性这些范畴进行的。但是，更好是在道德评价中始终按照严格的方法行事，并且以定言命令式的总公式为基础：**要依照能**
〔437〕**使自己同时成为普遍法则的那种准则而行动**。但是，如果人们想同时**倡导**道德法则，那么，通过上述三个概念来引导同一个行为，并由此尽可能地使它接近直观，当是非常有用的。

从现在开始，我们可以在我们最初由以出发的地方，亦即在一个无条件地善的意志的概念这里结束了。一个意志不是恶的，因而它的准则在被当做一个普遍法则时绝不可能自相矛盾，那么，**这个意志就是绝对善的**。因此，如下原则也就是这个意志的最高法则：在任何时候都要按照你同时能够意欲其作为法则的普遍性的准则去行动。这是惟一能够使一个意志不与自己本身相抵触的条件，而这样一个命令式就是定言的。由于意志作为可能的行为的一个普遍的法则，其有效性类似于事物的存在按照普遍法则的普遍联结，这种联结是一般而言的自然的形式因素，所以，定言命令式也可以这样来表述：**要按照能够同时把自己视为普遍的自然法则的那些准则去行动**。因此，一个绝对善的意志的公式就是这样的。

有理性的本性之所以有别于其余的本性，就在于它为自己设定一个目的。这个目的就是每一个善的意志的质料。但既然在一个没有（这个或者那个目的的达成的）限制条件而绝对善的意志的理念中，必须抽掉一切要**促成**的目的（这样的目的只会使任何意志相对地善），所以目的在这里就必须不是被设想成为一个要促成的目的，**而是**必须被设想成为**独立的**目的，因而只是被消极地设想，亦即被设想成为绝不与之相悖地行动的目的；因此，它在任何意欲中都必须绝不仅仅被当做手段，而是在任何时候都同时被当做目的。现在，这个目的只能是一切可能的目的的主体自身，因为这个主体同时是一个可能的绝对善的意志的主体；因为这个意志不可能被置于任何别的对象之后而没有矛盾。据此，“要对每一个理性存在者（对你自己和他人）都如此行动，使它在你的准则中同时被视为目的自身”这个原则，在根本上与“要按照一个同时在自身包含着自己对每一个理性存在者而言的普遍有效性的准则去行动”这个原理是一回事。因为我在为任何目的而利用手段时，应当把我的 〔438〕 准则限制在它作为每一主体的一个法则的普遍有效性的条件之上，这不多不少等于是说，目的的主体，亦即理性存在者本身，必须绝不仅仅作为手段，而是作为使用一切手段时的最高限制条件，也就是说，在任何时候都同时作为目的，而被当做行为的一切准则的根据。

如今由此无可争议地得出：任何一个理性存在者作为目的自身，无论它所服从的是什么样的法则，都必须能够同时把自己视为普遍立法者，因为正是它的准则对普遍的立法的这种适宜性，把它凸显为目的自身；此外，这个存在者自己的超乎一切纯然自然物的尊严（特权），使它必须在任何时候都从他自己的观点，但同时也从其他任何有理性的、作为立法者的存在者（他们因此也叫做人格）的观点出发来采用自己的准则。现在，一个理性存在者的世界（mundus intelligibilis［理知世界］），作为一个目的王国，就以这种方式成为可能，而且是通过作为成员的所有人格的自己立法。据此，每一个理性存在者都必须如此行动，就好像它通过它自己的准则在任何时候都是普遍的目的王国中的一个立法的成员似的。这些准则的形式原则是：要这样行动，就好像你的准则应当同时充当（一切理性存在者的）普遍的法则似的。因此，一个目的王国惟有按照与一个自然王国的类比才是可能的，但目的王国惟有按照准则，亦即责成自己的规则才是可能的，而自然王国则惟有按照外部强加的作用因的法则才是可能的。尽管如此，虽然自然的整体被视为机器，但就它与作为其目的的理性存在者相关而言，人们出自这一理由仍称它为一个自然王国。如今，通过定言命令式为所有理性存在者规定了其规则的一些准则，**如果这些准则得到普遍遵守的话**，这样一个目的王国就会得以实现。然而，虽然理性存在者无法指望，即使它本身严格地遵守这一准则，其他每一个理性存在者也都将因此而对同一个准则恪守不渝，此外，自然王国及其合目的的安排将与作为一个适当成员的他为一个通过它自己而可能的目的王国而协调一致，也就是说，将有助于
〔439〕它对幸福的期待，但是，"要按照一个纯然可能的目的王国的一个普遍立法的成员的准则去行动"这一法则仍有其充分的效力，因为它是定言地颁布命令。而且在这里，恰恰存在着悖论：惟有作为有理性的本性的人类的尊严，无须其他任何要由此达成的目的或者好处，从而惟有对一个纯然理念的敬重，就应该充当意志的不可减弱的规范，而准则的崇高性、每一个理性主体在目的王国中是一个立法成员的资格，恰恰就在于准则对所有这样的动机的这种独立

性中；因为若不然，它就会必须被设想成为仅仅服从其需要的自然法则。尽管无论是自然王国，还是目的王国，都被设想为统一在一个元首之下，而且后者由此不再是纯然的理念，而是获得了真正的实在性，但这样一来，固然一个强有力的动机的添加有助于那种实在性，但那个理念的内在价值的增加却绝不有助于那种实在性；因为尽管如此，这位惟一不受限制的立法者毕竟还是必须被设想为，他仅仅按照理性存在者无私的、纯然从那个理念出发为它们自己规定的行为来评价它们的价值。事物的本质并不因为它们的外在关系而有所变化，而不考虑这种关系，独自构成人的绝对价值的东西，也是任何人，甚至最高存在者对人作出判断的依据。因此，**道德性**是行为与意志自律的关系，亦即通过意志的准则与可能的普遍立法的关系。能够与意志的自律相容的行为是**允许的**；不能与之一致的行为则是**不允许的**。其准则必然与自律的法则相一致的意志就是一个**神圣的**、绝对善的意志。一个并非绝对善的意志对自律原则的依赖性（道德的强制）就是**责任**。因此，责任不能与一个神圣的存在者相关。一个出自责任的行为的客观必然性就叫做**义务**。

从刚刚说过的东西中，人们就可以轻易地解释如下情况是怎么发生的：尽管我们在义务的概念下来设想对法则的一种服从，但我们却由此同时设想履行自己一切义务的人格有某种崇高和**尊严**。〔440〕因为它之所以有崇高，虽然并不是就它**服从**道德法则而言的，但却是就它对这法则来说同时是**立法者**，并只是因此才服从它而言的。我们在上面也已经指出，既不是恐惧，也不是偏好，而仅仅是对法则的敬重，才是能够给予行为一种道德价值的那种动机。就我们自己的意志仅仅在一种因其准则而可能的普遍立法的条件下才去行动而言，这个在理念中对我们来说可能的意志是敬重的真正对象，而人性的尊严正在于这种普遍地立法的能力，尽管是以它同时服从这种立法为条件。

作为道德的最高原则的意志自律

意志的自律是意志的一种性状，由于这种性状，意志对于自身来说（与意欲的对象的一切性状无关）是一种法则。因此，自律的原则是：不要以其他方式作选择，除非其选择的准则同时作为普遍的法则被一起包含在同一个意欲中。至于这个实践的规则是一个命令式，也就是说，每一个理性存在者的意志都必然以它为条件而受它制约，这一点并不能通过仅仅分析在它里面出现的概念而得到证明，因为这是一个综合命题；人们必须超越对客体的知识，达到对主体的批判，亦即对纯粹实践理性的批判，因为这个无可置疑地颁布命令的综合命题必须能够被完全先天地认识；但这个工作不属于当前这一章。不过，上述自律原则是惟一的道德原则，这一点却可以仅凭分析道德概念就得到极好的阐明。因为由此就可以看出，道德原则必须是一个定言命令式，但这个命令式所要求的，却不多不少，恰恰是这种自律。

〔441〕

作为道德的一切非真正原则的源泉的意志他律

如果意志在它的准则与他自己的普遍立法的适宜性之

外的某个地方，从而超越自己，在它的某个客体的性状中，寻找应当规定它的法则，那么，在任何时候都将出现**他律**。在这种情况下，就不是意志为它自己立法，而是客体通过其与意志的关系为意志立法。这种关系无论是基于偏好，还是基于理性的表象，都只能使假言命令式成为可能：我之所以应当做某事，乃是**因为我想要某种别的东西**。与此相反，道德的、因而定言的命令式说的是：即使我不想要任何别的东西，我也应当如此这般行动。例如，前者说的是：如果我想保持声誉，我就不应当说谎；而后者说的是：即使说谎不会给我带来丝毫耻辱，我也不应当说谎。因此，后者必须抽掉一切对象，使对象对意志根本没有任何**影响**，以便实践理性（意志）不是仅仅管理外来的兴趣，而是仅仅证明它自己颁布命令的威望就是最高的立法。例如，我应当设法促进他人的幸福，这并不是好像我很重视他人幸福的实存（不管是由于直接的偏好，还是由于间接通过理性获得的某种愉悦），而仅仅是因为排除他人幸福的那种准则，在同一种意欲中就不能被理解为普遍的立法。

从假定的他律基本概念产生的
一切可能的道德原则的划分

在这里和在任何地方一样，人类理性在其纯粹的应用中只要缺乏批判，则在它成功地走上惟一正确的道路之前，都曾尝试过一切可能的错误道路。

人们从这一观点出发可能采用的原则，要么是**经验性的**，要么是**理性的**。**前者**出自**幸福**的原则，建立在自然情

〔442〕感或者道德情感之上，**后者**出自**完善**原则，要么建立在完善的理性概念之上，这种完善是我们的意志的可能结果，要么建立在一种独立的完善的概念（上帝的意志）之上，这个概念是我们的意志的规定原因。

经验性的原则在任何地方都不适合作为道德法则的根据。因为如果道德法则的根据取自**人性的特殊结构**或者人性所处的偶然情境，那么，道德法则应当适用于一切理性存在者所凭借的那种普遍性，即由此责成理性存在者的那种无条件的实践必然性，也就丧失了。不过，**自身幸福**的原则是最该抛弃的，原因不仅在于它是错误的，而经验也与“福祉在任何时候都依良好品行而定”这种托辞相矛盾；原因也不仅在于它根本无助于道德的确立，因为使一个人幸福和使他成为一个好人完全不是一回事，使他聪明并精于自己的利益和使他有德也完全不是一回事；原因乃是在于它加诸道德的动机，宁可说侵蚀道德，且毁坏其全部崇高，因为这些动机把德性的动因与罪恶的动因归在一个类中，只教人精于算计，完全抹杀了二者的特殊差异；与此相反，道德情感，这种误以为的特殊感觉①（无论当那些不能**思维**的人们甚至在问题仅仅在于普遍的法则的事情上也认为可以通过**感觉**得到帮助时，诉诸道德情感是多么肤浅；无论在程度上天然地千差万别的情感如何罕能提供一个善

① 我把道德情感的原则归入幸福的原则，乃是因为任何一种经验性的兴趣都通过仅由某物所提供的惬意而可望有助于福祉，不管这惬意的发生是直接而不考虑利益的，还是顾及利益的。此外，人们也必须与**哈奇森**一样，把对他人幸福的同感原则归入他所假定的同一种道德感。

恶的同等尺度；无论一个人根本不可能凭借自己的情感为他人作出有效的判断)，却仍然更为接近道德及其尊严，因为它向德性表示敬意，把对德性的满意和重视**直接**归于德性，而不是仿佛当面对它说，使我们依赖于它的，并不是它的美，而只是利益。 〔443〕

在德性的那些**理性**根据中，毕竟**完善性**的本体论概念(无论它多么空洞，多么不确定，因而无法用来在可能的实在性广袤无边的领域中发现适合于我们的最大总和；无论它为了把这里所说的实在性在类上与任何一种别的实在性区别开来，而如何有一种无法避免的循环论证的癖好，不能避免暗中预设它应当予以说明的道德）要优于从一个属神的、最完善的意志导出道德的神学概念，这并不仅仅是因为我们毕竟不能直观这个意志的完善，而只能从我们的概念——其中最重要的就是道德概念——导出它，而是因为如果我们不这样做（如果我们这样做，在解释上就会出现一种恶性循环)，则我们对于他的意志还能有的概念，从荣誉欲和支配欲的属性出发，与权力和报复的可怕表象相结合，就必然构成一个与道德性截然相反的道德体系的基础。

但是，如果我必须在道德感的概念和一般而言的完善的概念（这二者至少不损害道德，尽管它们根本不适宜于作为基础来支持道德）作出选择，那么，我将选取后者，因为既然后者至少使问题的裁决摆脱感性，而诉诸理性的法庭，则尽管它在这里也没有决定任何东西，却将（一个就自身而言善的意志的）不确定的理念真实无误地保存下来，以待进一步的规定。

此外我相信，无须对这一切学说进行详细的反驳。这种反驳非常容易，而且那些因为职务需要而表态支持这些理论中的一种（因为听众不大愿意容忍判断的延迟）的人自己也许很明白，这样做只不过是多此一举罢了。但是，在这里更让我们感兴趣的是知道：这些原则在任何地方都仅仅提出意志的他律来做道德的第一根据，而正因为此则必然错过其目的。

〔444〕在任何地方，只要意志的一个客体必须被当做根据，以便为意志规定那决定它的规则，那里的规则就无非是他律；命令式是有条件的，也就是说：**如果**或者**由于**人们想要这个客体，人们就应当这样或者那样行动；因此，它绝不可能是在道德上颁布命令，亦即不能定言地颁布命令。现在，无论客体是想在自身幸福的原则中那样凭借偏好来规定意志，还是在完善性的原则中凭借指向我们的可能意欲一般而言的对象的理性来规定意志，意志都绝**不直接地**通过行为的表象来规定自己，而是仅仅通过拥有行为对意志的预期影响的动机来规定自己。**我之所以应当做某事，乃是因为我想要某种别的东西**。而在这里，还必须有另一个法则在我的主体中被当做根据，按照这个法则，我必然想要这别的东西，而这个法则又需要一个命令式来限制这个准则。这是因为，由于一个因我们的力量而可能的客体的表象应当根据主体的自然性状施加给它的意志的推动，属于这个主体的本性，不管是属于感性（偏好和趣味）的本性，还是属于知性和理性的本性，它们按照自己的本性的特殊结构，都是伴着满意而施加于一个客体的，所以，真正说来是本性在立法，而所立的法作为这样的法则，不

仅必须通过经验去认识和证明，因而就自身而言是偶然的，且由此不适宜于成为不容置疑的实践规则，而道德规则必须是诸如此类的规则；相反，它**始终只是**意志的**他律**，不是意志为自己立法，而是一个外来的推动凭借主体的一种易于接受这种推动的本性来为意志立法。

绝对善的意志，其原则必须是一个定言命令式，因而就一切客体而言是不确定的，将仅仅包含着一般而言的**意欲的形式**，而这就是自律；也就是说，每一个善的意志的准则使自己成为普遍法则的那种适宜性，本身就是每一个理性存在者的意志责成给自己的惟一法则，它不以任何一种动机和兴趣作这一准则的根据。

这样一个实践的先天综合命题是如何可能的，以及这个命题为什么是必然的？这是一个其解答不再在道德形而上学界限之内的课题，我们在这里也没有断言这个命题的真实性，更没有伪称有能力证明它的真实性。我们仅仅通过阐明已经普遍流行的道德概念来指出：意志的自律不可避免地与这个概念相联系，或者毋宁说是它的基础。因此，谁认为道德是某种东西，而不是没有真实性的虚妄理念，谁就必须同时承认上述道德原则。因此，这一章与第一章一样，纯然是分析的。现在，如果定言命令式连同意志的自律是真实的，作为一个先天原则是绝对必然的，那么就可以得出，道德不是幻象；这需要**纯粹实践理性的一种可能的综合应用**；但是，不预先对这种理性能力本身进行一种**批判**，我们就不可贸然去作这种应用。在最后一章中，我们要根据我们的意图的需要，来展示这种批判的各个要点。 〔445〕

〔446〕

第三章
由道德形而上学到纯粹实践理性批判的过渡

自由的概念是说明意志自律的关键

意志是有生命的存在者就其有理性而言的一种因果性，而自由则是这种因果性在能够不依赖于外来的**规定**它的原因而起作用时的那种属性，就像**自然必然性**是一切无理性的存在者的因果性被外来原因的影响所规定而去活动的那种属性一样。

以上对自由的说明是**消极的**，因而无助于看出它的本质；然而，由它却产生出自由的一个**积极的**概念，这个概念更为丰富、更能产生结果。既然一种因果性的概念带有**法则**的概念，按照法则，由于我们称为原因的某种东西，另一种东西亦即结果必然被设定，所以，自由尽管不是意志依照自然法则的一种属性，但却并不因此而是根本无法则的，反而必须是一种依照不变法则的因果性，但这是些不同种类的法则；因为若不然，一种自由意志就是胡说八道。自然必然性是作用因的一种他律；因为任何结果都惟有按照以下法则才是可能的，即某种别的东西规定作用因
〔447〕而导致因果性；然而，除了自律之外，亦即除了意志对于自己来说是一个法则的那种属性之外，意志的自由还能够是什么东西呢？但是，“意志在一切行为中都对自己是一个

法则”这一命题，仅仅表示如下的原则：除了能够也把自己视为一个普遍法则的准则之外，不要按照任何别的准则去行动。而这正是定言命令式的公式和道德的原则。因此，一个自由意志和一个服从道德法则的意志是一回事。

因此，如果预设意志的自由，那么，仅仅通过分析其概念，就可以从中得出道德及其原则。然而，道德的原则毕竟始终是一个综合命题：一个绝对善的意志是其准则在任何时候都包含着被视为普遍法则的自身的意志，因为通过分析一个绝对善的意志的概念，并不能发现准则的那种属性。但是，这样的综合命题之所以可能，仅仅是因为这两种认识都通过与一个第三者的联结而相互结合起来，它们都可以在这个第三者中被发现。自由的**积极**概念就造就了这个第三者，这个第三者不能像在自然原因中那样是感性世界的本性（在感性世界的概念中，作为原因的某物与作为结果的**某种别的东西**相关联，其概念是同时出现的）。至于自由给我们指示的、我们先天地对它有一个理念的这个第三者是什么，在这里还不能立刻指明；也不能使人了解自由概念从纯粹实践理性出发的演绎，以及一种定言命令式的可能性，这还需要作一些准备。

自由必须被预设为一切理性存在者的意志的属性

我们不管出自什么理由，把自由归于我们的意志，这还是不够的，除非我们有充分的理由也把自由归于一切理性存在者。因为既然道德充当我们的法则，仅仅是充当**理性存在者**的法则，所以它就必须适用于一切理性存在者；

而既然它必须仅仅从自由的属性导出，所以自由也必须被证明为一切理性存在者的意志的属性；从关于人性的某些
〔448〕误以为的经验出发阐明自由（尽管这也是绝对不可能的，阐明只能先天地进行），这还是不够的，人们必须证明它属于一般而言理性的、具有意志的存在者的活动。现在我说：每一个只能按照**自由的理念**去行动的存在者，正因为此而在实践方面确实是自由的，也就是说，一切与自由不可分割地结合在一起的法则都适用于它，正好像它的意志就自身而言也被宣布为自由的，而且这在理论哲学中也是有效的。① 现在我断言：我们必须也把自由的理念赋予每一个具有意志的理性存在者，它仅仅按照这个理念去行动。因为在这样一个存在者里面，我们设想一种理性，而这种理性是实践的，也就是说，它就自己的客体而言具有因果性。如今，人们不可能设想一种理性，它就其判断而言凭借它自己的意识从别的什么地方接受指导；因为那样的话，主体就不会把对判断力的规定归于它的理性，而是归于一种冲动。这种理性必须把自己视为自己的原则的创作者，不依赖于外来的影响；因此，它作为实践理性，或者作为一个理性存在者的意志，必须被它自己视为自由的。也就是说，一个理性存在者的意志惟有在自由的理念下才是一个自身的意志，因而必须在实践方面被归于一切理性的存在者。

① 仅仅假定自由被理性存在者纯然**在理念中**当做其行为的根据，这对于我们的意图来说已是足够；我之所以选取这一道路，乃是为了使我自己无须也在理论方面证明自由。因为即使让这后一点悬而未决，会对一个真正自由的存在者有约束力的那些法则，毕竟也适用于只能按照其自己的自由的理念去行动的存在者。因此，我们在这里就能够摆脱理论所压下来的负担。

论与道德诸理念相联系的兴趣

我们最终把道德的确定概念回溯到自由的理念；但我们却无法证明自由在我们自己里面和在人性里面是某种现实的东西；我们只是看到：如果要把一个存在者设想成为理性的、而且就其行动而言赋有其因果性的意识的、亦即赋有一个意志的，我们就必须预设自由；而且这样一来我们就发现：出自同一理由，我们必须把“按照行动自由的理念规定自己”这种属性归于每一个赋有理性和意志的存在者。 〔449〕

但是，从这些理念的预设也产生出一种行动法则的意识：在任何时候都必须如此采纳行为的主观原理，亦即准则，使它们也能够客观地有效，亦即普遍地作为原理而有效，从而能够充当我们自己的普遍立法。但是，我究竟为什么应当服从这个原则，而且是作为一般而言的理性存在者服从它，从而也由此使其他一切赋有理性的存在者服从它呢？我愿意承认：并没有任何兴趣**驱使**我这样做，因为这不会给出任何定言命令式；但是，我对此必然**感**兴趣，并且清楚这是怎么发生的；因为这个应当真正说来就是一种意欲，而这种意欲适用于任何理性存在者，条件是理性在它那里无障碍地是实践的；对于和我们一样还受到作为另类动机的感性刺激的存在者，惟有理性才会去做的事情并不总是发生，行为的那种必然性就只叫做应当，而主观的必然性则被与客观的必然性区别开来。

因此，看起来好像我们在自由的理念中真正说来只是预设道德法则，亦即意志本身的自律原则，却不能证明它的实在性和自身的客观必然性；而且在这里，我们虽然还总是有某种十分可观的收获，因为我们至少比通常发生的还更为精确地规定了真正的原则，但就这原则的有效性和服从它的实践必然性而言，我们并没有丝毫的进展。因为如果有人问我们：究竟为什么我们的准则作为一个法则的普遍有效性必须是我们的行为的限制条件呢？我们归于这种行动方式的价值应当如此之大，在任何地方都不可能有更高的兴趣存在，但我们要把这价值建立在什么上面呢？人惟有因此才相信自己感觉到其人格的价值，相对于这种
〔450〕价值，一个适意或者不适意的状态的价值就不值一提了，这是怎么发生的呢？对此，我们无法给他令人满意的回答。

虽然我们清楚地看到，一种根本不带有对状态的任何兴趣的人格性状，在理性应当促成这种状态的分配的情况下，只要那种性状使我们能够分享这种状态，我们就可能对那种性状感兴趣；也就是说，即便没有分享幸福的动因，单是配享幸福自身就能够使人感兴趣了；但是，这个判断事实上只不过是道德法则那已经预设的重要性的结果罢了（如果我们通过自由的理念而脱离一切经验性的兴趣）。然而，我们应当脱离经验性的兴趣，亦即把我们自己看做在行动中自由的，尽管如此仍把自己视为服从某些法则的，以便仅仅在我们的人格中发现一种价值，它能够补偿给我们的状态带来一种价值的东西的一切损失；而且这是如何可能的，从而**道德法则因何而有约束力**，我们以这样的方式还看不出来。

人们必须坦率地承认，这里表现出一种看起来无法摆

脱的循环。我们假定自己在作用因的秩序中是自由的，以便设想自己在目的的秩序中服从道德法则；然后我们设想自己是服从这些法则的，因为我们已经把自由归于我们自己。原因在于，意志的自由和意志的自己立法二者都是自律，因而是可以互换的概念，但正因为这一点，其中的一个不能用来说明另一个，为另一个提供根据，而是充其量可以用来在逻辑方面把同一对象的显得不同的表象归为惟一的概念（就像把同值的不同分数归为最简式一样）。

但是，我们还剩有一条出路，那就是去探讨：当我们通过自由把我们自己设想成为先天的作用因的时候，与我们按照我们的行为——作为我们眼前所见的结果——设想我们自己的时候相比，我们所采取的是否是另一种立场？

有一种说明，作出这种说明并不需要任何精细的反思，而是可以假定，最普通的知性也能够作出这种说明，尽管是以它自己的方式，凭借它称为情感的判断力的一种模糊的区分。〔451〕这种说明就是：一切我们无须自己的任性就获得的表象（例如感官的表象）把对象给予我们供认识，都无非是以对象刺激我们的方式，此时我们依然不知道它们就自身而言可能是什么，因而就这种表象来说，即便知性再加上最大的注意力和明晰性，我们由此也只能达到对**显象**的知识，而绝不能达到对**物自身**的知识。这种区分（或许是由于注意到了从其他地方被给予我们的表象——此时我们是承受的——与我们仅仅从我们自身产生的表象——此时我们证明了我们的活动——之间的差异）一经作出，就自行得出：人们必须承认并假定在显象背后毕竟还有某种别的不是显象的东西，亦即物自身，尽管我们自己就知道，既然我们绝不可能认识物自身，而是永远只能以它们刺激我们的方式认识它们，所以无法更为接近它们，绝不可能知道它们就自身而言之所是。这就必然提供一个**感性世界**与**知性世界**的区分，尽管这区分是粗糙的；其中前一个世界按照各种世界观察者里面感性的差异也可以极为不同，但作为其根据的后一个世界却始终保持为同一个世界。甚至对于自己本身，即便根据人通过内部感受而对自己拥有的知识，他也不可以妄称认识他就自身而言是什么样子。因为既然他毕竟并没有仿佛是创造自己，不是先天地、而是经验性地获得他的概念，所以很自然，他也只能通过内感官，从而仅仅通过他的本性的显象以及他的意识被刺激的方式来获取关于他自己的信息，但他除了他自己的主体的这种纯由显象组成的性状之外，毕竟还必须以必然的方式假定某种别的作为基础的东西，亦即他的自我，如其就自身而言可能是的性状，因而就纯然的知觉和感觉的感受性而言把自己归入**感官世界**，但就在它里面可能是纯粹活动的东西（根本不是通过刺激感官、而是直接达到意识的东西）而言把自己归入**理智世界**，但他对这一世界却没有进一步的认识。

能反思的人必然从可能呈现给他的一切事物得出诸如
〔452〕此类的结论；也许，在最普通的知性中也可以发现这种结论。众所周知，最普通的知性极倾向于在感官的对象背后还总是期待某种不可见的、自行活动的东西，但由于它马上又把这个不可见之物感性化，亦即想使它成为直观的对象，而又败坏了它，因而并未由此而变得更聪明一点。

现在，人在自己里面确实发现一种能力，他凭借这种能力而把自己与其他一切事物区别开来，甚至就他被对象所刺激而言与它自己区别开来，而这就是**理性**。理性作为纯粹的自动性，甚至在如下这一点上还居于知性之上：尽管知性也是自动性，并且不像感官那样仅仅包含惟有当人们被事物刺激（因而是承受的）时才产生的表象，但他从自己的活动出发所能够产生的概念，却无非是仅仅用于**把感性表象置于规则之下**并由此把它们在一个意识中统一起来的概念；没有这种对感性的应用，知性就根本不会思维任何东西；而与此相反，理性在理念的名义下表现出一种如此纯粹的自发性，以至于它由此远远地超越了感性能够提供给它的一切，并在下面这一点上证明了自己最重要的工作，即把感官世界与知性世界彼此区别开来，并由此为知性本身划定对它的限制。

因此之故，一个理性存在者必须把自己视为**理智**（因此不是从它的低级力量方面来看），不是视为属于感官世界的，而是视为属于知性世界的；因此，它具有两个立场，它可以从这两个立场出发来观察自己，认识应用其力量的法则，从而认识它的一切行为的法则。**首先**，就它属于感官世界而言，它服从自然法则（他律）；**其次**，就它属于理知世界而言，它服从不依赖于自然的、并非经验性的、而是仅仅基于理性的法则。

作为一个理性的、从而属于理知世界的存在者，除了按照自由的理念之外，人绝不能以别的方式设想他自己的意志的因果性；因为对感官世界的规定原因的独立性（理性必须在任何时候都把诸如此类的独立性归于自己）就是自由。如今，**自律**的概念与自由的理念不可分割地结合在

一起，而道德的普遍原则又与自律的概念不可分割地结合在一起；道德的普遍原则在理念中是**理性**存在者的一切行
〔453〕为的根据，正如自然法则是一切显象的根据一样。

我们在上面曾引起一种怀疑，就好像在我们从自由到自律、从自律到道德法则的推论中包含着一个暗藏的循环似的；也就是说，我们也许只是为了道德法则而以自由的理念作为根据，以便然后再从自由推论出道德法则，因而根本不能说明道德法则的任何根据，而是只能把它作为对一个原则的祈求，心地善良的人们很乐于承认我们有这一原则，但我们却决不能把它当做一个可证明的命题提出来。如今，这个怀疑已经被消除了。因为我们现在看到，如果我们设想我们自己是自由的，我们就把自己作为成员置入知性世界，并认识到意志的自律连同其结果，亦即道德性；但如果我们设想自己负有义务，我们就把自己视为属于感官世界，但同时也属于知性世界。

一种定言命令式如何可能？

理性存在者把自己作为理智归入知性世界，并且仅仅作为一个属于知性世界的作用因，它把自己的因果性称为一个**意志**。但从另一方面，它也意识到自己是感官世界的一个部分，在感官世界中，它的行为被发现仅仅是那种因果性的显象；但它的行为的可能性却不能从我们并不认识的这种因果性中看出，而是这些行为必须被视为由其他显象亦即欲望和偏好来规定的，被视为属于感官世界的。因此，仅仅作为知性世界的成员，我的一切行为都会完全符

合纯粹意志的自律原则；仅仅作为感官世界的部分，我的一切行为都会必然被认为完全符合欲望和偏好的自然法则，从而符合自然的他律（前者会基于道德的最高原则，后者会基于幸福的最高原则）。但是，由于**知性世界包含着感官世界的根据，从而也包含着感官世界的法则的根据**，因而就我的意志（它完全属于知性世界）而言是直接立法的，从而也必须被设想为这样的知性世界，所以，我将把自己认做理智，虽然在另一方面如同一个属于感官世界的存在者，但仍然服从知性世界的法则，也就是说服从在自由的 〔454〕
理念中包含着知性世界的法则的理性，因而服从意志的自律，所以就必须把知性世界的法则对我来说视为命令式，把合乎这一原则的行为视为义务。

这样，定言命令式就是可能的，之所以如此，乃是因为自由的理念使我成为一个理知世界的成员；因此，如果我只是这样一个成员，我的一切行为就**会**在任何时候都符合意志的自律；但既然我同时直观到自己是感官世界的成员，所以这些行为**应当**符合意志的自律；这个**定言的**应当表现出一个先天综合命题，之所以如此，乃是因为在我被感性欲望所刺激的意志之外，还加上了同一个意志的理念，但这同一个意志却是属于知性世界的、纯粹的、对于自身来说实践的。在理性看来，它包含着前一个意志的最高条件；这大约就像是给感性的直观加上本身只不过意味着一般而言的法则形式的知性概念，并且因此使对自然的一切知识所依据的先天综合命题成为可能。

普通的人类理性的实践应用证实了这一演绎的正确性。任何人，哪怕是最坏的恶棍，只要他在通常情况下习惯于运用理性，当我们向他举出心意正直、坚定地遵守善的准则、同情和普遍仁爱（为此还与利益和适意的巨大牺牲相结合）的榜样时，他都不会不期望自己也会这样思想。但是，他可能只是由于自己的偏好和冲动而在自身做不到这一点，尽管如此他还是期望摆脱这样令他自己厌烦的偏好。因此，他由此证明：他凭借一个摆脱了感性冲动的意志，在思想上把自己置入事物的一个完全不同的秩序之中，与他的欲望在感性领域中的秩序完全不同，因为他不能从那个愿望期待欲望的任何满足，从而不能期待任何一种使它的某一个实际的或者可设想的偏好得到满足的状态（因为那样的话，就连使他产生愿望的理念也会失去其优越性），而是只能期待他的人格的一种更大的内在价值。但是，当
〔455〕他把自己置于知性世界的一个成员的立场上时，他相信自己就是这个更善的人格。自由、亦即对感官世界的**规定**原因的独立性的理念迫使他不得不这样做，而且在这个立场上，他意识到一个善的意志。据他自己所承认，这个善的意志构成其作为感官世界的成员的恶的意志的法则；当他逾越这一法则时，他就知道了这一法则的威望。因此，这个道德的应当是他自己作为理知世界的成员的必然意欲，而且只是就他同时把自己视为感官世界的一个成员而言，才被他设想为应当。

论实践哲学的最后界限

一切人都设想自己在意志上是自由的。由此形成关于一些行为是尽管**不曾发生过**、但却**应当发生**的行为的一切

判断。尽管如此，这种自由仍不是经验概念，也不可能是经验概念，因为即使经验显示出在自由的前提条件下被表现为必然的那些要求的对立面，这一概念仍然始终不变。另一方面，凡是发生的事情都不可避免地按照自然法则被规定，这同样是必然的，而且这种自然必然性也不是经验概念，之所以如此，乃是因为它带有必然性的概念，从而带有一种先天知识的概念。但是，关于一个自然的这一概念被经验所证实，而且如果经验亦即感官对象依照普遍法则联系起来的知识应当是可能的，这一概念就甚至不可避免地必须被预设。因此，自由只是理性的一个**理念**，其客观实在性就自身而言是可疑的，但自然却是一个**知性概念**，它借经验的实例证明、且必须必然地证明自己的实在性。

如今，尽管由此产生理性的一种辩证法，其中就意志而言，被归于它的自由看起来与自然必然性相矛盾，而且在这个岔路口，理性**在思辨方面**发现自然必然性的道路比自由的道路要更为平坦和适用得多，但是，**在实践方面**，自由的小径却是惟一使得有可能在我们的所作所为方面运用其理性的道路；因此，最精妙的哲学与最普通的人类理性一样，都不可能用玄想除去自由。所以，人类理性必须 〔456〕
假定：在同一些人类行为的自由和自然必然性之间，并没有真正的矛盾，因为人类理性既不能放弃自然的概念，也同样不能放弃自由的概念。

然而，即使人们绝不能理解自由如何可能，也必须至少以令人信服的方式消除这种表面的矛盾。因为如果甚至自由的思想也与自己或者与同样必然的自然相矛盾，那么，自由就必须相对于自然必然性而完全被放弃。

但是，如果自认为自由的主体，在自称为自由的时候，与就同一个行为而言认为自己服从自然法则的时候相比，是**在同样的意义上**或者**在同一种关系中**来设想自己，那么，要避开这种矛盾就是不可能的。因此，思辨哲学的一项不容推卸的任务就是：至少指明，它关于矛盾的幻觉乃是基于，当我们说人有自由的时候，与我们认为人作为自然的部分而服从自然的这些法则的时候相比，我们是在另一种意义上和另一种关系中设想人的；二者不仅**能够**很好地共存，而且必须被设想为在同一主体中**必然地结合在一起**，因为若不然，就不能说明我们何以要用一个理念来烦扰理性的理由；这个理念尽管与另一个得到充分证明的理念可以**毫无矛盾地**相结合，但却把我们卷入一件使理性在其理论应用中陷入极度窘困的工作。但是，这一义务仅仅属于思辨哲学，以便它为实践哲学扫清道路。因此，哲学家是要清除这个表面上的冲突，还是要使它原封不动，这是由不得他的；因为在后一种情况下，有关的理论就是 bonum vacans［无主的财产］，宿命论者就能够理所当然地占有这笔财产，把一切道德逐出它们不合法地占有的自以为的财产。

然而，在这里还不能说，实践哲学的界限到了。因为对争执的那种调解根本不是实践哲学的事情，而是实践哲
〔457〕学仅仅要求思辨理性结束它在理论问题上自己卷入的纷争，以便实践理性享有宁静和安全，免受可能对它想在上面定居的土地向它提出争议的外来攻击。

但是，甚至普通的人类理性对意志自由的合法要求，也基于对理性独立于纯然主观的规定原因的意识和得到承

认的预设，这些主观的规定原因全都构成了仅仅属于感觉、从而属于感性这个普遍名称之下的东西。以这样的方式把自己视为理智的人，在把自己设想为赋有一个意志、因而赋有因果性的理智的时候，与他知觉到自己如同感官世界中的一个现象（他也确实是这样一个现象）、并在外在规定方面使其因果性服从自然法则的时候相比，把自己由此置入一个不同的事物秩序，置入与完全不同种类的规定根据的关系中。现在，他马上意识到，这二者能够同时成立，甚至必须同时成立。因为说一个**显象中的事物**（它属于感官世界）服从某些法则，而同一个事物作为**物自身**或者存在者自身独立于这些法则，这并不包含丝毫矛盾；但是，说他必须以这种双重的方式表现和设想自己，就前者而言，这基于对他自己作为通过感官受刺激的对象的意识；就后者而言，这基于对他自己作为理智的意识，亦即意识到自己在理性应用中独立于感性的印象（从而属于知性世界）。

由此就得出：人认为自己有一个意志，这个意志不为任何仅仅属于他的欲望和偏好的东西负责；与此相反，他把只能不顾一切欲望和感性引诱而发生的行为设想为因自己而可能的，甚至设想为必然的。这些行为的因果性存在于作为理智的他里面，存在于遵照一个理知世界的原则的作用和行为的法则之中。他对于这个理知世界仅仅知道：在它里面，惟有理性，而且是纯粹的、独立于感性的理性在立法；此外，既然他在那里只是作为理智才是真正的自我（与此相反，作为人只是他自己的显象），所以那些法则是直接地和定言地关涉他，以至于偏好和冲动（从而感官世界的整个自然）的引诱不可能对作为理智的他的意欲的

〔458〕法则有任何损害，甚至他也不为这些偏好和冲动负责，不把它们归于自己的自我，亦即不把它们归于他的意志，但当他容许它们影响他的准则而损及意志的理性法则时，却把他对它们可能怀有的宽容归于意志。

实践理性根本没有因为**设想**自己进入一个知性世界而逾越自己的界限，但当它想**直观、感觉**自己**进入**其中的时候，它就逾越了自己的界限。就不在规定意志方面给理性立法的感官世界而言，前者只是一个消极的思想，而且惟有在下面这一点上才是积极的，即作为消极规定的那种自由同时与一种（积极的）能力，甚至与理性的一种我们称为意志的因果性结合在一起，也就是如此行动，使行为的原则符合一个理性原因的本质性状，亦即符合准则作为一个法则的普遍有效性的条件。但如果实践理性还从知性世界索取一个**意志的客体**，亦即一个动因，那么，它就逾越了自己的界限，妄想认识某种它一无所知的东西。因此，一个知性世界的概念只是一个**立场**，理性发现自己被迫在显象之外采取这一立场，以便**把自己设想成为实践的**；而如果感官世界的影响对人是决定性的，这件事就会是不可能的；但是，如果不否认人会意识到自己是理智，从而是理性的、通过理性活动的、亦即自由地起作用的原因，这件事就是必然的。当然，这一思想造成了另一种秩序和立法的理念，不同于涉及感官世界的自然机械作用的秩序和立法，并且使一个理知世界的概念（也就是说，理性存在者的整体，作为物自身）成为必要，但除了仅仅依照它的**形式**条件，亦即依照意志的准则作为法则的普遍性，从而依照惟有凭借意志自由才能存在的意志自律去设想它之外，没有丝毫妄想走得更远；与此相反，一切被规定在一个客体之上的法则都产生他律，而他律只能在自然法则那里发现，也只涉及感官世界。

但在这种情况下，如果理性胆敢去**说明**纯粹理性如何能够是实践的，它就逾越了自己的所有界限，这与说明**自由如何可能**的任务完全是一回事。〔459〕

因为我们所能够说明的，无非是我们能够回溯到这样一些法则的东西，这些法则的对象能够在某一个可能的经验中被给予。但是，自由是这样一个理念，它的客观实在性不能以任何方式按照自然法则来阐明，从而也不能在任何可能的经验中被阐明。因此，由于它本身绝不能按照任何一种类比来配上一个实例，所以它绝不能被理解，哪怕是仅仅被了解。它只是被视为理性在一个存在者里面的必要预设，这个存在者相信自己意识到一个意志，亦即一个与纯然的欲求能力还有区别的能力（也就是说，作为理智、从而按照理性的法则、独立于自然本能而规定自己去行动的能力）。但是，在依照自然法则的规定终止的地方，一切**说明**也就终止了；剩下的就只有**捍卫**，亦即排除那些自称更深入地看到事物的本质、且因此大胆地宣布自由不可能的人们的反驳。人们只能向他们指出，所谓由他们在其中揭示的矛盾不在别的任何地方，而仅仅在于：在他们为了使自然法则在人的行为方面有效而必须把人视为显象的时候，并且在人们要求他们应当把作为理智的人也设想为物自身的时候，他们却一直在把人的因果性（亦即人的意志）与感官世界的一切自然法则分离开来将在同一个主体身上出现矛盾的地方，依然把人视为显象；但如果他们愿意想一想，并且依照情理承认，在显象背后毕竟必然有事物自身（尽管是隐秘地）作为基础，关于事物自身的作用法则，人们不能要求它们与其显象的作用法则是一回事，那么，这种矛盾就消除了。

在主观上不可能**说明**意志自由，与不可能发现和解释
〔460〕人对道德法则能够有的**兴趣**①，这二者是一回事；尽管如此，人对道德法则实际上还是有一种兴趣。我们把这种兴趣在我们里面的基础称为道德情感，它曾被一些人错误地说成是我们的道德判断的标准，其实，它必须被视为法则对意志施加的**主观**作用，惟有理性才为它提供客观根据。

要想实现惟有理性才去规定受感性刺激的理性存在者应当做的事情，当然还需要理性的一种能力，来**引起**对履行义务的一种**愉快**或者满意的**情感**，因而需要理性的一种因果性，来依照理性的原则规定感性。但是，要看出一个本身不包含任何感性成分的纯然思想如何产生一种愉快或者不快的感觉，亦即先天地使之可以理解，这是完全不可能的；因为这是一种特殊的因果性，对于它，和对于所有的因果性一样，我们

① 兴趣就是理性由之而成为实践的、亦即成为一个规定意志的原因的那种东西。因此，人们只能说一个理性存在者对某种东西有一种兴趣，而无理性的造物则仅仅感觉到感性的冲动。惟有在行为的准则的普遍有效性是意志的一个充分的规定根据的情况下，理性才对行为有一种直接的兴趣。惟有这样一种兴趣才是纯粹的。但是，如果理性惟有凭借另一个欲求客体、或者在主体的一种特殊情感的前提条件下才能规定意志，那么，理性对行为就只有一种间接的兴趣；而既然理性离开了经验，单凭自己既不能发现意志的客体，也不能发现一种作为意志的根据的特殊情感，所以这种间接的兴趣就只是经验性的，不能是纯粹的理性兴趣。理性的逻辑兴趣（为促进其见识）绝不是直接的，而是以其应用的意图为前提条件的。

根本不能先天地规定任何东西，而是为此必须仅仅请教经验。但是，既然经验只能提供两个经验对象之间的因果关系，而在这里纯粹理性应当仅凭理念（理念根本不为经验提供任何对象）而是一个当然存在于经验之中的结果的原因，所以，**作为法则的准则的普遍性**、从而道德如何以及为什么使我们感兴趣，其说明对于我们人来说是完全不可能的。只有一点是肯定的：法则之所以对我们具有效力，并不是**因为它引起兴趣**（因为这是他律，是实践理性对感性的依赖，也就是说，是实践理性对一种作为根据的情感的依赖，此时实践理性绝不能在道德上是立法的），而是它之所以引起兴趣，乃是因为它对我们人有效，因为它产生自作为理智的我们的意志，从而产生自我们真正的自我；**但是，凡是属于纯然显象的东西，都必然被理性置于事物自身的性状之下**。〔461〕

因此，一个定言命令式如何可能，这个问题虽然可以回答到如此程度，即人们能够指出它惟有在其下才有可能的惟一前提条件，亦即自由的理念，此外人们也能看出这个前提条件的必然性；这对于理性的**实践应用**，亦即对于确信**这个命令式的有效性**，从而也确信道德法则的有效性来说，是足够的。而这个前提条件本身如何可能，却是人类理性无法看出的。但是，在一个理智的意志自由的前提条件下，其意志的**自律**，作为意志惟有在其下才能被规定的形式条件，是一个必然的结论。预设意志的这种自由，也不仅仅（不会与感官世界的显象之联结中的自然必然性原则陷入矛盾）是完全可能的（如思辨哲学所能够显示），而且也在实践上，亦即在理念中，把这种自由作为条件加给意志的所有任性的行为，对于一个意识到自己凭借理性的因果性、从而意识到一个意志（意志与欲求有别）的理性存在者来说，无须进一步的条件就是**必然的**。但是，纯粹理性如何能够无须其他无论取自别的什么地方的动机，单凭自己就是实践的？也就是说，单是**其一切准则作为法则的普遍有效性的原则**（这当然会是一种纯粹实践理性的形式），如何能够无须意志的一切让人们可以事先有某种兴趣的质料（对象），单凭自身就提供一种动机，并且造成一种会被称为纯粹**道德上的**兴趣？或者换句话说，**纯粹理性如何能够是实践的**？一切人类理性都没有能力对此作出说明，试图对此作出说明的一切辛苦和劳作都是白费力气。

如果我试图探究自由本身作为一个意志的因果性如何可能，情况也恰恰如此。因为在这里，我舍弃了哲学的说
〔462〕明根据，并且没有别的说明根据。如今，我虽然能够在还给我保留的理知世界中、在诸理智的世界中游荡，但是，尽管我对它有一个理由充足的理念，我却对它毕竟没有丝毫**知识**，而且无论我的自然理性能力如何努力，我也绝不能达到这种知识。它仅仅意味着一个某物，当我只是为了限制出自感性领域的动因的原则，而把属于感官世界的一切都从我的意志的规定根据中排除掉之后，就剩下了这个某物；我这样做，乃是通过限定感性领域，并且指出：它并没有把一切都包括在自身之内，而是在它之外还有其余的东西；但我对这个其余的东西却没有进一步的认识。设想这个理想的纯粹理性，在去除一切质料亦即客体的知识之后，剩给我的无非是形式，亦即准则的普遍有效性的实践法则，以及依照这一法则，与一个纯粹的知性世界相关，把理性设想成为可能的作用因，亦即设想成为规定意志的

原因。在这里，必须完全不存在动机；一个理知世界的这一理念本身就必须是动机，或者是理性原初感兴趣的东西。但是，使这一点可以理解，恰恰是我们不能解决的课题。

如今，这里就是一切道德研究的最高界限；但是，仅仅为了如下的目的，规定这一界限就已经是极为重要的事情了：一方面，它使理性不致以一种有损道德的方式在感官世界里到处寻找最高的动因和一种虽可理解、但却是经验性的兴趣；而另一方面，它使理性也不致在对它来说空洞的、名为理知世界的超验概念之空间中无力地鼓动翅膀，而在原地不动，并迷失在幻象之中。此外，我们本身作为理性存在者（尽管在另一方面同时是感官世界的成员）属于一个纯粹的知性世界，这个纯粹的知性世界，作为一切理智的一个整体，其理念为了一种理性的信仰起见，即便一切知识都终止在这个理念的界限上，也始终是一个有用的并且容许的理念，这为的是凭借**目的自身**（理性存在者）的一个普遍王国的庄严理想，在我们里面造成一种对道德法则的强烈兴趣。我们惟有认真地按照自由的准则行事，就好像这些准则就是自然的法则似的，才能作 〔463〕
为成员属于这个王国。

结束语

理性**在自然方面**的思辨应用导向**世界**的某个最高原因的绝对必然性；理性**在自由方面**的实践应用也导向绝对必然性，但却仅仅是一个理性存在者本身的**行为法则**的绝对必然性。如今，我们的理性的一切应用的一个根本原则，就是把它的知识一直推进到对其**必然性**的意识（因为没有这种必然性，它就不成其为理性的知识)。但是，这同一理性也有一种同样根本的**限制**，即它既不能看出存在着的或者发生着的东西的**必然性**，也不能看出应当发生的东西的**必然性**，除非以一个**条件**作为根据，那东西在这个条件下存在或者发生或者应当发生。但以这样的方式，由于不断地追问条件，理性的满足就只会一直推迟下去。因此，理性不遗余力地寻求无条件必然的东西，发现自己被迫假定它，却没有任何办法使自己可以理解它。只要理性能够发现与这个预设相容的概念，它就够幸运了。因此，我们对道德性的最高原则的演绎是无可指摘的，倒是有一种人们必然对一般人类理性提出的指责，即它不能使一个无条件的实践法则（诸如此类的法则必须是定言命令式）在其绝对必然性上可以理解；因为理性不想通过一个条件、亦即凭借某种被当做根据的兴趣来这样做，这倒不能责怪它，因为在这种情况下，这法则就会不是道德法则了，亦即不是自由的最高法则了。所以，我们虽然不理解道德命令式的实践的无条件必然性，但我们毕竟理解其**不可理解性**。这就是能够合理地对一门力求在原则中达到人类理性的界限的哲学所要求的一切。

图书在版编目（CIP）数据

道德形而上学的奠基：注释本/（德）康德（Kant，I.）著；李秋零译注. —北京：中国人民大学出版社，2013.1
ISBN 978-7-300-16845-6

Ⅰ.①道… Ⅱ.①康… ②李… Ⅲ.①伦理学-德国-近代 Ⅳ.①B82-095.16 ②B516.31

中国版本图书馆 CIP 数据核字（2012）第 304086 号

道德形而上学的奠基（注释本）
［德］康德 著
李秋零 译注
Daode Xingershangxue de Dianji

出版发行	中国人民大学出版社		
社　　址	北京中关村大街 31 号	**邮政编码**	100080
电　　话	010－62511242（总编室）		010－62511770（质管部）
	010－82501766（邮购部）		010－62514148（门市部）
	010－62515195（发行公司）		010－62515275（盗版举报）
网　　址	http://www.crup.com.cn		
经　　销	新华书店		
印　　刷	涿州市星河印刷有限公司		
开　　本	720 mm×1000 mm　1/16	**版　　次**	2013 年 3 月第 1 版
印　　张	6.5 插页 2	**印　　次**	2023 年 12 月第 9 次印刷
字　　数	67 000	**定　　价**	29.80 元